畜産業のクラスター形成と
経営イノベーション

長命洋佑 著

養賢堂

目次

序章　イノベーションを創出するクラスター形成

1. はじめに

　わが国の農業は，農業生産者の著しい高齢化の進行や新規就農者の不足，食のグローバリゼーション（グローバル化）の進展と国内農産物価格の長期的な低迷が続いている．さらに，耕作放棄地や遊休農地の増大，野生鳥獣や異常気象の頻発による被害の拡大，国際的な原油価格の高騰による生産諸資材費の増大，またそれに伴う家畜飼料の価格高騰など，多くの問題が顕在化している．これらの結果として，わが国の農業に対する将来への不安・生産者の意欲低減，さらには農業特有の技術伝承および地域農業の衰退が懸念されている．従来，品種改良や付加価値に高い商品づくりなどは，地域の篤農家が中心となり創造的な活動を担ってきたが，今世紀に入りそれらの多くは失われ，農業・農村地域の衰退が加速している．

　その一方で，国際競争力を強化し，農業を魅力ある産業にするとともに，担い手がその意欲と能力を存分に発揮できる環境創出の重要性が高まり，農業技術の進展が求められている．特に，2012 年より始まった第 2 次安倍内閣では，日本経済の再生に向けて展開する「大胆な金融政策」「機動的な財政政策」「民間投資を喚起する成長戦略」の「三本の矢」（いわゆるアベノミクス）を一体として推進し，長期にわたるデフレと景気低迷からの脱却を図ることが最優先課題として掲げられた．そのアベノミクス三本目の矢である「成長戦略」において，農業は成長産業として位置づけられて以降，農業経営体が取り組む農業生産関連事業(いわゆる農商工連携や六次産業化，輸出など)をはじめとした農畜産物の付加価値向上への取り組みのほか，深刻化している担い手の高齢化，労働不足などの課題解決の 1 つとして，スマート農業の研究開発および実証プロジェクトが実施されている（例えば，内閣府 2018，農林水産省 2021）．スマート農業の研究開発・実証プロジェクトでは，省力化・軽労化，精密化・情報化などの視点から，ICT（Information and Communication Technology：情報通信技術）・RT（Robot Technology：ロボット技術）などの先端技術を活用したスマート農業技術の研究開発，社会実装に向けた取り

組みが行われており，次世代農業を担う人材確保・人材育成が重要な課題となっている（長命・南石 2018）.

　また，地域農業や食品産業は，生き残りをかけて地域内の産業や異業種との連携を強め，経営基盤を強化する動きが加速している．特に，地域農業においては，先に述べた様々な課題解決のみならず，農畜産物の付加価値向上，新たな地域雇用の創出などによる地域コミュニティの再生，ひいては地域産業および地域経済の活性化につながる取り組みとともに，国際競争力を高めていくことへの重要性が高まっている．地域における戦略として，斎藤（2011）は，農業・商業・工業だけでなく地域内の産学官も連携した新製品開発・新事業創出による経済波及効果を目指すために，食料産業クラスターを形成することの有効性を指摘している．この食料産業クラスターでは，新産業，新製品など地域ブランドの確立に資するイノベーションの創出に加え，バリューチェーンやサプライチェーンを形成することで，最終的に地域全体の所得と雇用の拡大，さらに地域資源の有効活用を実現することが目的となる（斎藤 2010b）．そこから生み出されるアウトプットは，食料製品，工業製品など多岐にわたり，またクラスター形成のプロセスも国や地方自治体が中心となって形成されたものもあれば，集積した企業が自発的に形成しているものなど多様である（高橋 2012）．食料産業クラスターの推進に関して，高橋（2013）は，国産原材料の有効活用，競争力と付加価値のある新たな食品開発と商品販売戦略を駆使して，地域食材をテーマとしたブランド化への取り組みや新たな市場創出を目指すことの重要性を指摘している．食料産業クラスター形成やイノベーション創出に関して，斎藤（2014）や森嶋（2014）は，自治体，農協，地域の食品関連産業，研究機関・大学などによるプラットフォーム構築が重要であり，知識の共有や蓄積，価値提供により，事業戦略へと連動させることが必要であると指摘している．ただし，食料産業クラスターは経営体の集積が地域的に限定され，産業クラスターと比べると小規模な集積体であり，イノベーションが活発でないことを斎藤（2010a, 2010b, 2012）や森嶋（2012）は指摘している．

　そうした中，農業生産者や関連産業・企業および研究機関や政府・大学などがクラスターを形成する新たな動きがみられる．そこでは，情報・知識・技術の集積，農業の生産現場で必要な技術を研究開発するためのクラスターが形成され，社会実装に資するイノベーション創出の萌芽がみられつつある[1]．先進的な事例としては，行政が主体となり，クラスター形成を図っているフードバレーとかちが挙

げられる(詳細は第 3 章を参照). また, 農業生産者が共同研究者として参画し, 農業生産に必要な技術の研究開発を実践した事例として, 農匠ナビ 1000 プロジェクト(第 1 期:2014〜2015 年度, 第 2 期:2016〜2018 年度)がある. 当プロジェクトでは, 農業経営が生産現場で本当に必要とする農業技術の研究開発を, 農業経営者が主となり, 民間企業, 国公立研究機関, 大学と共同して実施し, 自身の経営に導入・実践する研究開発・実践型のクラスターの形成が図られてきている[2].

　以上のように, クラスター形成におけるステークホルダーとの結びつき(ネットワーク)に関しては, 従来の国や自治体のみならず, 地域のリーダー的主体が形成する組織や, 個々に必要とされる技術・研究開発による製品開発など, その関係性が多様化してきており, これまでのクラスターの範疇を超える広義でのクラスター形成が展開されている(長命 2019).

　わが国の農業において, 早期の段階でクラスター形成が実施されてきたのが畜産分野であり, 1960 年代以降, 中小畜産においてインテグレーション(垂直統合)が進展してきた. そこでは, 委託生産, 契約生産という形をとった農外資本・農業関連資本による畜産の直営生産への進出が行われてきた(新山 1993). 例えば, ブロイラー生産におけるインテグレーションでは, 1965 年を前後して, 産地に処理場が建設されたことで, 生鳥をと殺, 脱毛, 中抜き, 屠体として貯蔵, 冷蔵・保冷輸送することが可能となるとともに, 総合商社, 食肉加工資本, 飼料商などによる直営生産も開始され, 一定の範囲内に飼料工場, 処理場, 育成場を立地させ集中型の生産が可能となった(宮田 2019). また, 養豚経営におけるインテグレーションに関しては, 1960 年代に入り, 農業近代化を掲げる農政の基調変化を契機として, まず規模拡大が進み, やがて企業的な養豚経営が進展するようになり, 養豚経営の規模拡大は系統農協による養豚団地の展開, 繁殖豚センター, 協業経営, 商社によるインテグレーションなど, 様々な形の経済システムによって支えられてきた(申・柳村(2013). このように, 中小家畜においては, 濃厚飼料(配合飼料)の製造会社を中心として, 飼養, 処理, 販売までを一貫管理する大量生産・大量流通のインテグレーションが形成されてきた.

　そうした中, 2014 年より開始された畜産クラスター事業では, 酪農経営, 肉用牛繁殖経営などの大家畜経営を中心に取り組みが拡大している. 畜産クラスターの目的は「畜産農家と地域の畜産関係者(コントラクター等の支援組織, 流通加工業者, 農業団体, 行政等)がクラスター(ぶどうの房)のように, 一

体的に結集することで，畜産の収益性を地域全体で向上させるための取組」と明記されている（農林水産省 2015）．また，当クラスターは，2015 年 11 月に策定された「総合的な TPP 関連政策大綱」において，酪農・畜産の国際競争力を図るため，省力化機械の整備等による生産コストの削減や品質向上等の収益力・生産基盤を強化することとされ，畜産クラスター事業の拡充が図られている（農林水産省 2016）．畜産クラスター事業の成果に関しては，第 5 章で述べるように，減少傾向にあった乳用牛や肉用牛の飼養頭数が回復傾向の兆しを見せるなど，その成果は着実に表れてきている．

2.　クラスターとネットワーク

　クラスターは，ポーター（Porter Michael E. 1999）によって提唱された概念である．第 1 章・第 2 章で詳述するがクラスターとは，「特定分野における関連企業，専門性の高い供給業者，サービス提供者，関連業界に属する企業，関連機関（大学・規格団体・業界団体など）が地理的に集中し，競争しつつ同時に協力している状態」である（ポーター 1999）．ちなみに，このクラスターは，カリフォルニア州のワイン産業，ポルトガルの家具産業，デンマークのインシュリンを中心とする医薬品産業やボストンの医療機器産業などのケースを題材として，産業競争力分析におけるサプライチェーン的な観点の重要性（当該産業の真の問題が当該産業の外部に依存している）を明らかにする過程で生まれたものである（山崎 2005）．
　ポーター（1999）はクラスター形成による競争優位を生み出す視点として，1）クラスターを構成する企業や産業の生産性向上，2）その企業や産業がイノベーションを進める能力を強化し，生産性の成長を支える，3）イノベーションを支えるクラスターを拡大するような新規事業の形成の刺激，の 3 点を挙げている．また，クラスター形成の効果について，森嶋（2014）は，生産性向上に関しては主に特定産業が地理的に集中することによる「規模の経済」からもたらされるものであるといえるが，イノベーションの創出に関しては，地域内に埋め込まれた主体間の相互関連性による「知識スピルオーバー」が必要条件になると指摘している[3]．
　さて，わが国におけるクラスターの政策に関しては，2001 年に経済産業省で産業クラスター計画が開始されて以降，2003 年に文部科学省より知的クラスター創

生事業が，また，2005 年には農林水産省による食料産業クラスター形成の支援事業が開始された．さらに，経済産業省（2010）は，産業クラスターの計画について，「持続的なイノベーション創出のカギである『融合』を効果的に誘発するための基盤となる産学官金のネットワークを形成するとともに，イノベーション創出に必要な仕組みの構築，施策の投入を重点的に行い，地域における産業集積の質的転換を目指してきたもの」であると示しており，クラスター政策の意義は，国際競争力ある成長産業の創造，新事業創出に向け，産学官などの様々な主体のネットワーク形成および多様な資源やポテンシャルを融合・活用しイノベーションを継続的に生み出す仕組みを構築することである．また，クラスターにおけるプロジェクト策定・実施に関しては，クラスター活動の基礎となる「顔の見える産学官のネットワーク」の形成を図り，当該ネットワークを基礎として，経済産業省の研究・技術開発支援，事業化支援などの各種支援策を活用し，新事業・新産業の創出を目指すものとなっている（経済産業省 2010）．

　ネットワークとクラスターの関係では，中小企業間での生産分業ネットワークを活用し，地域における地域の中核機関が産学連携，異業種連携ネットワークが融合することで，持続的なイノベーション創出が誘発される．なお，森嶋（2012）は近年の研究ではクラスターとネットワークはしばしば同等に扱われていることを指摘しつつ，ネットワークは本質的にクラスターの構成要素であるとするとしても，相互関連性の機能としてイノベーションの効果が重要であることを指摘している．

　なお，先に述べたように農業においても多様なクラスター形成が図られている．そうした農業におけるネットワークおよびクラスター形成の流れについてのイメージを図示したのが図 0-1 である．図中のイメージであるが左端の枠は，地域に存在する多様な農業生産者や民間企業，研究機関などが個別に存在しており，誰も何も関与しない状況を想定したものである．ここでは一例として，新たな技術開発や研究開発などの取り組みを試みることを想定してみよう．その際，地域内で核となる農業生産者が自らの農場・牧場において技術開発の実証・実践が行われる場合もあれば，必要に応じて食品企業や農業機械・資材メーカーなどの民間企業と連携することなどが考えられる．さらに困難な課題が生じた場合には，大学や研究機関などとの連携が行われる場合もあろう．そうした状況では，ステークホルダーとの間で結びつきが生じ，ネットワーク化が図られることが想定さ

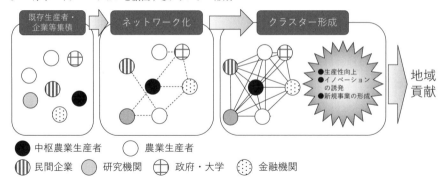

図 0-1　ネットワーク化とクラスター形成のイメージ図
　　　　資料：筆者作成.

れる（図中，真ん中の枠）．このような状態は，クラスター形成における初期段
階といえる．さらに，中核機関（例えば，農業生産者や食品企業など）の主導で，
技術における研究開発・課題解決への取り組みが深化することや商品化・実用化
などの社会実装への展開が図られるようになると，より強い関係性を持つクラス
ターの形成が図られるであろう（図中，右端の枠）．ここでの関係は，通常の取
引（例えば，経済取引）を超えた特別な協力関係が構築されることが考えられる．
また，クラスターが形成されることで競争が刺激され，生産性向上，イノベーシ
ョンの誘発，新規事業の形成が期待されるとともに，最終的には，地域貢献に結
びつく取り組みが期待される．稲本・津谷（2011）は，農業経営の領域における
イノベーションは必ずしも研究機関や大手メーカー主導で行われるものではな
く（関わるとしても主導ではなく），連携ないし協力のもとで開発されるケース
が急速に増えてきていることを指摘している．

　こうしたステークホルダーの関係性についてポーター（1999）は，クラスタ
ーは競争優位を生むが，その競争に及ぼす影響は，どれもある程度，人間同士
の付き合い，直接に顔を突き合わせたコミュニケーション，個人や団体のネッ
トワークを通じた相互作用に依存していることを指摘している．そうした中，
例えば，遠隔地の供給業者と正式な提携を結べば，厄介な交渉や管理の問題が
絡むこととなり，企業の柔軟性が削がれてしまう可能性があり，地元のクラス
ターに属する企業間の親密で形式張らない関係の方が，より優れた解決策にな
りうることがあることをポーター（1999）は指摘している．ここで重要なこと
は，直接に顔を突き合わせたコミュニケーション，すなわちフェイス・トゥ・

フェイスでの交流である．ICT の発達により，音声や映像などの情報交信が可能になったとしても，相手の熱意やその場の雰囲気・緊張感（例えば，気まずい雰囲気）などは，共有困難である．

3. クラスター形成によるイノベーション創出

　イノベーションは，経済学者シュムペーター（Schumpeter 1934）が最初に使用したといわれており，新結合という新たな概念を用いて，経済活動における生産要素（土地・労働・資本）を結合させることで，これまでとは異なる形で新しい価値創造を図ることを指摘した．シュムペーターは，新結合について以下の 5 つを提示している．それらは，1）新しい品質の財貨の生産，2）新しい生産方法の導入，3）新しい販路の開拓，4）原料などの新しい供給源の獲得，5）新しい組織の実現である．これら 5 つの新結合は，あらゆる産業や組織において創出することが可能である．なお，農業経営学の分野においては，イノベーションと同時的な用語として，しばしば「経営革新」が用いられている（稲本・津谷 2011，南石 2017）．稲本（2000）および南石（2017）は，経営革新について，事業・市場革新，技術革新，経営管理革新，組織革新の 4 種類に分類している．南石（2017）では，事業・市場革新は，事業や販路の多角化を意味しており，技術革新は，新たな栽培方法や生産管理方式（ICT 活用による「見える化」など）の導入を，経営管理革新は，新たな経営管理方式（ICT 活用による経営管理・人材育成など）の導入を，組織革新では専門化などが具体的な内容であると提示している[4]．

　これまで農業においては，植物の品種改良や農薬・肥料開発による収量・品質向上が，畜産においては，家畜の品種改良により，増体や肉質向上などが図られてきた．また，省力化・軽労化，作業効率向上などに資する農作業の機械化など，様々なイノベーションが行われてきた．その一方で，農業生産者自身による農業経営におけるイノベーションの開発に関しては，農業試験場における開発とは異なり，経営規模や人的要素，風土条件など千差万別の条件のもと，実際の経営活動のなかで行われてきた（稲本・津谷 2011）．稲本・津谷（2011）は，この小さな改良ないし改善のイノベーションが，経営発展を実現していくためのマネジメントにおいて，重要な機能を果たしていると述べている．

　さらに近年では，イノベーションと社会経済条件の変化に伴い，農業・農業経

営の構造は大きく変化してきていることを南石（2019b）は指摘している．そうした中，農業生産・農業経営に変革をもたらすこととなったのが ICT の導入である．ICT の導入により，様々な生産要素の新結合となるイノベーションの創出が図られることとなった．ICT の活用では，農業生産から製造・加工，流通，消費に至る各段階（図 0-2）における生産およびコストなどの構造変化の速度を飛躍的に高め，イノベーションがまた新たなイノベーションを生み出すことによるシナジー効果（相乗効果）が期待されている．こうした ICT の活用は，生産現場での利用に関与することにとどまらず，経営における経営戦略の策定や経営管理の高度化などにも影響を与え，技術の刷新や経営の効率化が進められている（當間 2021）．さらに近年では，ある程度成熟した産業に対して変革を起こす起爆剤として，オープンイノベーションへの注目が集まっている[5]．後藤（2017）は，オープンイノベーション戦略をイノベーションのスピードが遅いとされる農業・食品産業分野に導入することで，新たな品種開発や加工技術の開発，新商品の開発などにおいてスピードアップと効率化を図り，成長産業へと成長させることが可能であると指摘している[6]．

　以上のように，農業および食料を取り巻く課題は今後さらに高度化・多様化していくことが予想され，これまで以上の速度で，新しい価値を創出することが求められているといえよう．それを実現するために，多様なステークホルダーとの間でイノベーションの創出が可能となるようなクラスター形成を図っていくこ

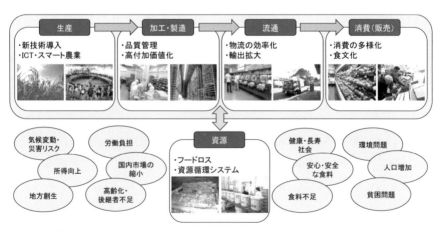

図 0-2　農業・食料を取り巻く問題
　　　資料：筆者作成．

とが重要である．

4. 本書の課題

　先に述べたように，家畜生産では，近年，ICT や RT などのスマート農業の進展により，規模拡大や省力化・軽労化に資する新たなイノベーションの萌芽がみられる．さらにグローバル化の流れを鑑みると，今後，ますます多様な家畜生産が展開され，そこでは新たなクラスターの形成によるイノベーション創出の可能性が考えられる．

　そこで本書では，国内外における畜産（主に乳用牛や肉用牛などの大家畜）を中心に，多様なステークホルダーとのクラスター形成の実態および形成過程を明らかにしたうえで，クラスター形成によるイノベーション創出の可能性について検討することを目的とする．具体的には，以下の 3 点の課題を設定し，目的への接近を試みる．

　第 1 の課題は，新たなクラスター形成による付加価値形成のプロセスを明らかにすることである．その背景には，行政が主体となっているクラスターや六次産業化，農商工連携などでは，農業生産者のみならず，食品企業などの異業種との関係が構築され，これまでにない付加価値が創出されていることが考えられるためである．

　第 2 の課題は，地域の生産基盤形成に資するクラスター形成の実態および生産基盤強化の要因について明らかにすることである．家畜生産においては，家畜に給与する飼料，乳製品製造に不可欠な生乳生産，家畜の飼養頭数拡大における施設拡大，また拡大に伴う家畜由来のふん尿処理対策など，飼養管理を取り巻く様々な生産要素が重要となっているが，そうした生産要素の衰退は地域の生産基盤の弱体化を招くこととなる．

　第 3 の課題は，クラスター形成による新規事業への展開の可能性について検討することである．先に述べたように ICT の利活用に伴い，生産現場ではデータ収集・分析による生産性・収益性の向上，省力化・軽労化などが図られるとともに，ICT を活用した新たな事業への展開が考えられる．他方，ICT の利活用は生産性・収益性のみならず，例えば，先進国から途上国の生産者への技術移転による技術支援や畜産物原料の契約生産による貧困対策など，社会性にも影響を及ぼすこと

が考えられる．この点に関して，辻村・中村（2020）は，生産性・収益性・社会性を兼ねそなえる農業経営体を高く評価する三重構造論的な視角が求められ，特に，新たな時代における経営分析には，従来からの生産性・収益性（量的）把握に加え，社会性（質的）把握（「環境に優しい」など環境面の社会性を含む）が強く求められることを指摘している[7]．

5．本書のキーワードと章別構成

　以下では，本書におけるキーワードと各章の概要について述べていく．表 0-1 は，各章におけるキーワードを整理したものである．キーワードに関しては，ポーター（1999）が提示したクラスター形成による競争優位を生み出す視点としての企業や産業の生産性向上，イノベーションの誘発，新規事業形成に着目しつつ整理を行った．生産性向上に関しては，以下の 2 つの方向性が考えられる．1 つは，労働投入量の効率化を図る場合，すなわち，ICT などの導入による省力化・軽労化による生産性の向上（生産性における分母部分を低下）である．もう一方は，ブランド化などにより，付加価値を増大させることによる生産性の向上（生産性における分子の向上）である．また，イノベーションの誘発に関しては，シュムペーターの5つの新結合（新しい品質の財貨の生産，新しい生産方法の導入，新しい販路の開拓，原料などの新しい供給源の獲得，新しい組織の実現）の視点に基づき整理を行った．新しい組織の実現に関しては，クラスター形成後のステ

表 0-1　本書のキーワードと章別構成

	生産性向上		イノベーション誘発					新規事業形成
	付加価値向上	省力化・軽労化	新製品の生産	新生産方法	新しい販路開拓	原料等の新供給源獲得	新組織創出	
第1章	○	○	○	○	○	○	○	○
第2章	○	○	○	○	○	○	○	○
第3章	○				○	○	○	○
第4章	○		○		○		○	○
第5章		○			○		○	
第6章		○						
第7章		○						
第8章	○				○		○	○
第9章		○	○	○			○	○

ークホルダーの広がり，プラットフォームの拡大を想定したものといえる．なお，本書におけるそれぞれの章は，既に刊行されている論文等を基に加筆・修正を行ったものであり，各章ごとに完結する内容のものとなっている．そのため，先行研究のレビューなど，一部重複する箇所があることを予めお断りしておく．

　また，各章の概要に関して以下に示しておこう．第 1 章および第 2 章は，これまでの産業クラスターや食料産業クラスターおよびイノベーションに関する先行研究の整理を行っており，第 3 章以降の事例部分に続く総論的な位置づけとなっている．第 1 章では，産業クラスター形成による新たなイノベーション創出について検討を行っている．具体的には，これまでの産業クラスターの先行研究を基に，クラスターの概念整理を行っている．また，産業クラスター形成がもたらすイノベーション創出および新たな産業クラスター形成の可能性について検討している．第 2 章では，食料産業クラスターに焦点を当て，食料産業クラスターに関連する先行研究の整理を行っている．先行研究の整理では，地域産業複合体や六次産業化・農商工連携などに関連する研究を取り上げている．また，多様化するクラスター形成に関して，クラスター形成の中核機関および目標を基軸とし，食料産業クラスターの類型化を試論的に行っている．以降の第 3 章〜第 9 章では，この類型化に基づいて，先述した各課題への接近を試みるために事例分析を行っている．

　第 3 章〜第 4 章は，新たなクラスター形成による付加価値形成の展開および実態解明に関する課題に接近したものである．第 3 章では，行政・食品産業が主体となってクラスターを形成し，地域の新たなビジネスモデル構築の可能性について検討を行っている．具体的には，先進的な事例として北海道の「フードバレーとかち」および後発的な事例として福岡県糸島市の「糸島市食品産業クラスター」を取り上げ，食料産業クラスター形成による新たな付加価値形成の実態および将来展望について検討している．第 4 章では，農商工連携および六次産業化事業に取り組んでいる畜産経営を事例として取り上げ，畜産経営の経営革新と新たなクラスター形成による付加価値形成の実態のプロセスについて明らかにしている．

　第 5 章および第 6 章では，2 つ目の課題である地域の生産基盤形成に資するクラスター形成の実態について明らかにしている．第 5 章では，わが国における畜産の生産基盤が脆弱化しているなかで，「畜産クラスター」への期待が高まっている現状を踏まえ，熊本県菊池市における JA 菊池における畜産クラスターおよ

びそれに基づくキャトル・ブリーディング・ステーション（CBS）の取り組み実
態を明らかにしたうえで，当該地区における生産基盤強化の要因解明を試みてい
る．第6章では，中国最大の酪農生産地域である内モンゴルに焦点を当て，内モ
ンゴルにおける酪農生産の特徴および乳業メーカーとの取引形態を明らかにし
たうえで，大手乳業メーカーである内蒙古蒙牛乳業（集団）股份公司（蒙牛）に
おける大規模酪農生産の実態を明らかにする．その際，メラミン事件以降，厳格
化された生乳の品質管理における乳業メーカーのクラスター形成の展開を明ら
かにしている．

　最後，第3の課題である，クラスター形成による新規事業形成の可能性に関す
る課題については，第7章〜第9章において取り上げている．第7章では，内モ
ンゴルにおける酪農・乳業の流通構造について整理を行ったのち，乳業メーカー
による支援を享受している小規模酪農経営および支援を享受していない小規模
酪農経営を事例として取り上げ，乳業メーカーとのクラスター形成の実態および
課題について検討を行っている．第8章では，まず，食品製造業における酪農生
産を事例として取り上げ，CSV（Creating Shared Value：共通価値の創造）の取り
組みに関する整理を行っている．さらに，酪農生産による経済発展および社会的
課題を両立する取り組み実態を明らかにしたうえで，CSVに資するクラスター形
成およびイノベーション創出について検討を行っている．第9章では，酪農生産
者のみならず農業機械メーカーやIT企業などが情報・知識・技術を集積するこ
とで，酪農の現場における技術・研究開発および実用化に向けた新規事業への展
開およびイノベーション創出を可能とするクラスター形成の実態について検討
を行っている．

　最後，終章では本書の要約と今後の展望について述べる．

注

1）OECD（2019）では，海外の農業イノベーションでは，より利用者の需要を的確
　に反映し，より効果的に解決策を創造できるように進化していると指摘して
　いる．

2）南石（2016：p.20-21）は，農匠ナビ1000の取り組みについて以下のように述
　べている．「農業技術の主要な研究開発目標が食料増産であった時代には，国
　立農業研究機関が基礎技術を研究し，公立農業試験場が地域の条件に応じた

技術改良を行い，農業改良普及組織が農家へ農業技術を普及するという直線的な研究開発普及モデルが有効に機能していた．しかし，食料の安全性や機能性，農業生産のコストや環境負荷など，現代の農業経営には多様な社会的要請が課せられている．こうした研究開発実践モデルは，マーケットイン型の農業技術開発実践モデルといえる．これに対して，従来の直線的な研究開発普及モデルは，プロダクトアウト型モデルであったともいえる．今後は，研究シーズを活かしたプロダクトアウト型モデルと，営農現場ニーズを起点としたマーケットイン型の研究開発モデルが，農業技術開発の両輪として機能することが期待されている．」この点は，本書で取り上げるクラスター形成によるイノベーション創出を実践していくにあたり，示唆に富む重要な指摘であるといえる．農匠ナビ1000プロジェクトの詳細については，南石（2016・2019a）を参照いただきたい．

　また，農匠ナビプロジェクトの成果は，コロンビアの稲作生産における技術伝達・移転を支援するプロジェクトにも応用されている（小川・南石2019）．

3）なお，森嶋（2014）は，産業クラスターについて，特定地域への新規の集中投資もしくは旧来からの産業集積を活かした「産業創出／発展型（特定産業＋地理的集中）」，特定産業内での相互関連性による「知識創造型（特定産業＋相互関連性）」，特定の産業を軸とせず地域内の多様な主体が相互に連携する「地域クラスター（相互関連性＋地理的集中）」に分類している．

4）これらを含む農業イノベーションに関しては，南石（2022）において詳細な分析がなされているので参照いただきたい．

5）チェスブロウ（2004）は，企業が技術革新を続けるためには，企業内部のアイディアと外部（他社）のアイディアを用い，企業内部または外部において発展させ商品化を行う必要があること，オープンイノベーションは，企業内部と外部のアイディアを有機的に結合させ，価値を創造することと指摘している．また，オープンイノベーションは，アイディアを商品化するのに既存の企業以外のチャネルを通してマーケットにアクセスし，付加価値を創造すると述べている．なお，チェスブロウ（2008：p.17）は，オープンイノベーションを「知識の流入と流出を自社内の目的にかなうように利用して社内のイノベーションを加速するとともに，イノベーションの社外活用を促進する市場を拡大すること」と定義している．

6) 後藤（2017：32）は，オープンイノベーションについて「オープンイノベーションとは，通信や科学技術を中心とする技術革新の速い産業において注目を集めている戦略である．知的財産をいち早く取得し，ライセンスを他社へ供給し産業全体の技術革新を促進したり，共通の規格基準（例えば，Linuxなどのプラットフォーム）を設計し，共同で研究開発を進めることで，独自の開発にかかるコストや時間の削減を実現するなどの効果が期待できる」と述べている．

7) 社会性について，辻村・中村（2020）は，SDGsブームもあって「サステナビリティ」（経済面・環境面・社会面の3つの指標で評価するのが一般的）が既に，最重要な価値観として押し上げられていること，また，CSV（CSR）ブームもあって，一般企業が経営理念・目標として「事業の社会性の引き上げ」を取り込むのが一般的になっていることを指摘している．

引用文献

稲本志良（2000）「農業経営発展と投資・資金をめぐるトラブル分析フレーム」，稲本志良・辻井博編著『農業経営発展と投資・資金問題』，富民協会：13-33.
稲本志良・津谷好人（2011）「農業経営におけるイノベーションの重要性と特質」，八木宏典編集代表・津谷好人・稲本志良編集担当，『イノベーションと農業経営の発展』，農林統計協会：1-18.
小川諭志・南石晃明（2019）「SATREPS「コロンビア」統合的稲作農業への挑戦（10）コロンビア稲作経営への技術移転事例：匠経営技術パッケージに焦点をあてて」，『農業および園芸』94（3）：251-264.
OECD（2019）『OECD政策レビュー・日本農業のイノベーション～生産性と持続性の向上をめざして～』（木村伸吾・米田立子・重光真起子・浅井真康・内山智裕訳），大成出版社.
経済産業省（2010）「産業クラスター政策について」，https://www.rieti.go.jp/jp/events/bbl/10081301_shibuya.pdf（2021年11月27日参照）.
斎藤　修（2010a）「農商工連携をめぐる基本的課題と戦略」，『フードシステム研究』17（1）：15-20.
斎藤　修（2010b）「日本における食料産業クラスターと地域ブランド」，『フードシステム研究』17（1）：90-96.
斎藤　修（2011）『農商工連携の戦略－連携の深化によるフードシステムの革新－』，農文協.
斎藤　修（2012）「6次産業・農商工連携とフードチェーン」，『フードシステム研究』19（2）：100-116.
斎藤　修（2014）「フードシステムのイノベーション－食と農と地域を繋ぐ」，『フードシステム研究』21（2）：58-69.
シュムペーター・A・ジョセフ（1977）『経済発展の理論』（塩野谷祐一・中山伊知郎・東畑精一訳），岩波書店.

申　錬鐵・柳村俊介（2013）「日本の養豚経営における生産者出資型インテグレーションの形成と課題」,『北海道大学農經論叢』68：33-40.

高橋　賢（2012）「熊本県における食料産業クラスターの展開」,『横浜経営研究』33（1）：71-85.

高橋　賢（2013）「食料産業クラスター政策の問題点」,『横浜経営研究』34（2・3）：125-137.

チェスブロウ H（2004）『OPEN INNOVATION－ハーバード流イノベーション戦略のすべて－』（大前恵一朗訳）産業能率大学出版部.

チェスブロウ H・ヴァンハーベク W.・ウェスト J.（2008）『オープンイノベーション　組織を越えたネットワークが成長を加速する』（PRTM 監訳・長尾高弘訳）, 英治出版.

長命洋佑・南石晃明（2018）「先進的法人経営にみる人的資源管理の現状と課題：人的資源の活用と経営成長」,『農業と経済』84（4）：15-28.

長命洋佑（2019）「畜産クラスター形成による生産拠点創出と競争力強化」『畜産の情報』352：27-41.

長命洋佑（2021）「農業・食料を取り巻く新たな動き」, 三本木至宏監修・上田晃弘・杉野利久・鈴木卓弥・冨山毅・船戸耕一編『SDGs に向けた生物生産学入門』, 共立出版：226-230.

辻村英之・中村貴子（2020）「次世代に向けての地域農林経済学の再検討－地域農林業の現場の新たな捉え方－」,『農林業問題研究』56（1）：1-4.

當間政義（2021）『食料生産に学ぶ新たなビジネス・デザイン―産業間イノベーションの再構築へ向けて―』, 文眞堂.

内閣府（2018）「戦略的イノベーション創造プログラム（SIP）次世代農林水産業創造技術研究開発計画」, https://www8.cao.go.jp/cstp/gaiyo/sip/keikaku/9_nougyou.pdf（2021 年 10 月 8 日参照）.

南石晃明（2016）「大規模稲作経営革新と技術パッケージ－ICT・生産技術・経営技術の融合－」, 南石晃明・長命洋佑・松江勇次編著『TPP 時代の稲作経営革新とスマート農業－営農技術パッケージと ICT 活用－』, 養賢堂：2-22.

南石晃明（2017）「農業経営革新の現状と次世代農業の展望：稲作経営を対象として」,『農業経済研究』89（2）：73-90.

南石晃明編著（2019a）『稲作スマート農業の実践と次世代経営の展望』, 養賢堂.

南石晃明（2019b）「農業・農業経営のイノベーション像」,『農業および園芸』94（1）：36-40.

南石晃明編著（2022）『デジタル・ゲノム革命時代の農業イノベーション』, 農林統計出版.

新山陽子（1993）「農業法人とインテグレーション：農業生産者の事業多角化・企業グループの形成を中心に」,『農業計算学研究』25：51-60.

農林水産省（2015）「酪農及び肉用牛生産の近代化を図るための基本方針－用語集－」, http://www.maff.go.jp/j/chikusan/kikaku/lin/l_hosin/pdf/rakuniku_yougosyu.pdf（2021 年 12 月 14 日参照）.

農林水産省（2016）「平成 27 年度　食料・農業・農村白書」, https://www.maff.go.jp/j/wpaper/w_maff/h27/pdf/hakusyo_zenbun2.pdf（2021 年 10 月 8 日参照）.

農林水産省（2021）「スマート農業の展開について」, https://www.maff.go.jp/j/kanbo/smart/#pro（2021 年 12 月 8 日参照）.

マイケル・E・ポーター（1999）『競争戦略論（Ⅱ）』（竹内弘高訳）, ダイヤモンド社.

宮田剛志（2019）「主要作目の立地構造⑦　養鶏・養豚」, 日本農業経済学会編『農業経済学辞典』, 丸善出版：444-445.

森嶋輝也（2012）『食料産業クラスターのネットワーク構造分析－北海道の大豆関連産業を中心に－』, 農林統計協会.

森嶋輝也（2014）「食料産業クラスターと地域クラスター」, 斎藤修・佐藤和憲編著『フードチェーンと地域再生』, 農林統計出版：163-175.

山崎　朗（2005）「産業クラスターの意義と現代的課題」,『組織科学』38（3）：4-13.

第 1 章　イノベーションを創出する産業クラスター

1. はじめに

　1990 年代以降, インターネットの急激な普及により, 先進国のみならず発展途上国においても情報化の波が押し寄せ, 国境を越えた情報通信ネットワークの形成が進展した. その結果, 人々の意識や行動の範囲が時間や場所を超えて世界的な広がりを持つことが可能となり, 世界中で様々な変化, 成長, 進歩の機会が拡大してきている（総務省 2018）. 近年では ICT（Information and Communication Technology：情報通信技術）, IoT（Internet of Things：モノのインターネット）や AI（Artificial Intelligence：人工知能）, ビッグデータなどの情報システムの高度化, 生産プロセスや業務オペレーションの効率化など, 新たな技術導入が社会・経済に大きな変革をもたらしている. それに伴い, 顧客の価値観やライフスタイルは変化し, ニーズも多様化している. 企業は, 顧客ニーズの変化に素早く対応していかなければならず, これまでのビジネスモデルそのものを見直さなければならない事態に直面している. そうした中, 企業を取り巻く環境変化から社会的課題を捉えビジネスチャンスを見出すことで, イノベーションが創出され, 社会に好影響を与えることが期待されている（北川 2018）.

　このような多様なニーズに対応したイノベーションの創出は, 1 つの企業だけで完結するものではない. イノベーションを創出するには外部からの知識や技術, 人材などを効率的に活用するためのクラスター形成が有効である. ちなみに, これまで産業クラスターの研究では, 政策的側面, 企業や大学などの主体間の関係に関する研究が多く蓄積されてきた[1]. そうした中, 社会・経済を取り巻く環境の変化に伴い, 産業クラスターを形成しているステークホルダーやクラスターの範囲などが多様化してきており, 新たなイノベーション創出[2]の可能性が考えられる.

　そこで本章では, イノベーションを創出する産業クラスター形成について検討することを目的とする. 具体的には, これまでの産業クラスターの先行研究を整理し, クラスターの概念について検討を行う. 次いで, 産業クラスター形

成がもたらすイノベーション創出について検討したうえで，新たな産業クラスター形成の可能性について考察を行う．以下，次節では，これまでの産業クラスターの概念について整理を行う．第3節では，クラスター形成におけるイノベーション創出について検討を行う．最後，第4節では，本章のまとめを行う．

2. 産業クラスターの概念

　本節では，次節以降のイノベーションを創出するクラスター形成を検討するために，主にポーター（Porter）の所説を用いて，産業クラスターの概念について整理を行うこととする．

（1）クラスターの定義と構成要素

　クラスターとは，「ブドウの房」を意味する英語に由来している．しかし，一般的に組織構造を論じるときには，転じて，「ブドウの房」状に広がった「群」や「集団」を意味する用語として使われることが多い．本章では，とくにことわりのない限り「クラスター」は「産業クラスター」を意味する．

　クラスターに関して，提唱者であるポーター（1999：p.70）は，「ある特定分野に属し，相互に関連した，企業と機関からなる地理的に近接した集団である．」と定義している．さらにポーター（1999：p.86）は，「クラスターがもたらす優位の多くは，外部経済や，さまざまな種類の企業間・産業間のスピルオーバーに由来するものである（ただし企業内の事業部門，例えば研究開発や製造といったレベルでもクラスターの優位は通用する）．したがって，クラスターとは，互いに結びついた企業と機関からなるシステムであり，その全体としての価値が各部分の総和よりも大きくなるようなもの，と定義できるかもしれない．」と述べている．

　そうしたクラスターを形成している構成要素（以下，本章および本書ではステークホルダーと記す）に関して，ポーター（1999：p.70）は「クラスターは，深さや高度化の程度によってさまざまな形態をとるが，たいていの場合は，最終製品あるいはサービスを生み出す企業，専門的な投入資源・部品・機器・サービスの供給業者，金融機関，関連産業に属する企業といった要素で構成される．またクラスターには，下流産業（流通チャネルや顧客）に属する企業や，

補完製品メーカー，専用インフラストラクチャーの提供者，専門的な訓練・教育・情報・研究・技術支援を提供する政府その他の機関（大学，シンクタンク，職業訓練機関など），規格制定団体が含まれる場合も多い．クラスターに大きな影響を与える政府機関も，クラスターの一部と考えてよいだろう．最後に，多くのクラスターには，業界団体その他，クラスターのメンバーを支援する民間部門の団体が含まれている.」と述べている．松行（2006）は，地球規模でクラスター現象が存在するのは，競争の本質と競争優位における立地の意味がきわめて重要であること，クラスターはある特定分野に属し，相互に関連した，企業と組織体からなる地理的に近接した集団であり，それらの相互関係においては，通常，水平的ネットワーク，場合によっては，垂直的ネットワークを形成することが多いと指摘している．金井（2003）は，ポーターによるクラスター概念の現代的意義として次の4点を指摘している．第1に，科学技術インフラ，先進的な顧客ニーズなどの知識ベースの新しい生産要素の重要性についてである．第2に，伝統的集積論が単に企業（特に工場）の集積に集中しているのに対し，クラスターの概念では単に企業のみならず大学，研究機関，金融機関，地方自治体などの多様な組織を包含しているという特徴がある．第3に，集積の効果として費用の最小化を強調する伝統的な集積論に対し，クラスター論ではイノベーションの意義，特にイノベーションの実現を通しての生産性の重要性を示唆している．なお，イノベーションを重視する点に関しては，知識ベースの生産要素獲得（第1の意義）やクラスターの構成主体の変化（第2の意義）と密接に関連している．第4として，クラスターの理論においては集積内における競争の意義を明確に示している点である．

　また，クラスターを構成しているステークホルダーとの関係に関して，二神（2005）は，クラスターは組織間関係，特に企業間関係の問題であるとし，企業間関係について，最広義には個別企業と個別企業の間の取引関係と競争関係，ならびにアライアンス，コラボレーションなどを超えた関係のことであり，狭義では，通常の取引を超えた特別の協力関係，提携を意味すると述べている．なお，現在では企業のみならず研究機関，政府・大学，民間団体などにおいても特別な協力関係やコラボレーションが図られていることからも二神（2005）が述べたように企業間関係と親和性が高いことが考えられる．すなわち，クラスターを形成するステークホルダーとの関係は，狭義の関係として，通常の取

引を超えた特別な協力関係，コラボレーション（協同）を意味するものである
といえる．

　これらのことより，クラスターを形成することにより，多様なステークホル
ダーが集積し，協同することで総和を超えたメリットをお互いに享受できるこ
とが重要な視点であるといえる．また，そうしたステークホルダーとのコラボ
レーションによるイノベーションの創出は，クラスターが形成されている地域
社会にも貢献するものであるといえる．

（2）クラスターの距離と範囲

　クラスターの範囲に関してポーター（1999：p.70）は，「クラスターの地理的
な広がりは，一都市のみの小さなものから，国全体，あるいは隣接数ヵ国のネ
ットワークにまで及ぶ場合がある．」とし，クラスターの範囲について明確な定
義は示していないが，欧州における国際的なクラスターを捉える目安として「物
理的な距離が 200 マイル（約 320km）以下程度」との数字を示している．また，
クラスターに関する先駆的事例研究を行ったサクセニアン（Saxenian 1994）は，
米国 Boston 近郊のルート 128 近辺の企業群およびシリコン・バレーのクラスタ
ーを取り上げているが，それぞれ，東西南北の直線距離は 100km 未満である．
さらに，前田（2003）は，車や電車を利用してドア・ツー・ドアで 1〜2 時間で
移動できる地域の大きさがクラスターの限界であることを，藤田（2011）は，
日帰りの往復が可能でかつ 3 時間程度の会合を精神的，肉体的に無理なく行え
る距離が限界であることをそれぞれ指摘している．なお，最も小さな範囲は藤
田（2012）が提示している，すぐに会って対面のコミュニケーションが取れる
範囲である．以上のような範囲の議論があるが，クラスターの物理的な距離に
関しては，例えば，交通網が未整備な地域においては，この距離は短くなるこ
とが考えられるほか，対象地域の交通インフラの整備状況などにも大きく依存
するため，一義的に物理的な距離を定めるのは困難であるといえる．

　なお，藤田（2012）は ICT の発達により，さまざまな製品・サービスのサプ
ライチェーンが ICT を介して世界的に張り巡らされている点をみれば，経済や
企業経営において地理的条件は無意味になったことを指摘している．ただし，
クラスターの理論的および実践的含意においては，現代においてもなお地理的
条件が重要な意味を持っており，基礎的な地理的条件である範囲について，よ

り明確にしておくことが必要であると述べている．この点に関して，本書で取り上げる作物や家畜の生命現象と直接かかわる農業は，「有機的生産」といわれる産業であり，農地など，土地に本来的に依存し，自然の影響を強く受けるため，地理的条件は極めて重要な意味を持つといえよう．

　また，ポーター（1999）は，クラスターの範囲は標準的な産業分類と一致することはほとんどないことを指摘している．藤田（2012）は，行政区分のように物理的かつ明白に確定されるものではなく，実態的なレベルで確定される事柄であろうと指摘している．山崎（2005）は，クラスターという概念が，新しい産業概念であるのか，地域概念であるのか，について混乱が生じているが，あくまでもクラスターは関連産業・関連諸機関を含む「横断的な産業」概念であり，地域概念ではないと指摘している．クラスターの範囲に関して，ポーター（1999 : p.74）は，「クラスターの範囲をどこまでと理解するかは，多くの場合，程度の問題である．その際に必要になるのは，産業どうし，あるいは各種機関どうしのつながりや補完性のうち，競争上最も大きな意味を持つものについての理解に裏づけられた創造的なプロセスである．こうした『スピルオーバー（溢出効果：ある分野の経済活動が他分野に及ぼす影響）』の強さと，それが生産性やイノベーションに与える影響によって，最終的な境界が決まってくる．」と述べている．さらに，ポーター（1999）は，これまで企業の集中については集積の経済で説明され，生産要素や市場への接近性による費用最小化が強調されてきたが，今日では，市場や技術，供給資源のグローバル化，機動性の増大，輸送・通信費用の低下などにより，その根拠を失ってしまった．そのため，狭義の意味での産業に限定されるのではなく，クラスターのレベルにおける議論の重要性が高まっていることを指摘している（ポーター 1999）．

　以上のことより，クラスターの範囲は一義的に定義するのではなく，多様性を持った観点からとらえていくことが重要であるといえる．そこでこれまでの議論を踏まえ，改めてクラスターの構成要素および範囲を整理したのが図 1-1である．クラスターの構成要素および範囲は，標準的な産業分類や行政区分によって規定されるものではなく，川上（原材料）から川下（最終製品）に至るまでの生産，流通，販売におけるすべての製品やサービスに関わるステークホルダー（研究機関，政府・大学，関連企業，民間団体，金融機関など）間における，通常の取引を超えた特別の協力関係，協同の関係であるといえる．

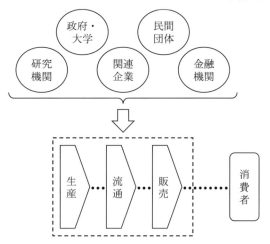

図 1-1　クラスターを形成する構成要素と範囲
資料：筆者作成.

(3) クラスターの競争優位性を規定する要因

　立地条件が企業の競争優位性をもたらしている点に関して，ポーター（1999）は，立地の競争優位の源泉には，以下に示す4つの要素が重要であり，それらが相互連携し産業を発展させていることを指摘し，相互連携からなるダイヤモンド・モデルを提唱している（図1-2）．ダイヤモンド・モデルにおける4要素とは，①要素（投入資源）条件，②需要条件，③関連産業・支援産業，④企業戦略および競争環境，である．石倉（2003）は，ダイヤモンド・モデルは，競争力の根源は生産性向上にあること，そして，ダイナミックに生産性を向上していくためにはイノベーションが不可欠であるとし，イノベーションを奨励する要因として4つの要因があることを指摘している．以下では，ポーター（1999）が整理したこれら4つの要因についてみていくこととしよう．

　まず，要素（投入資源）条件であるが，これは，物理的なインフラストラクチャーなどの有形資産や情報，法律制度，あるいは企業が競争の際に協力できる大学の研究機関などである．この条件について，二神（2008）は高資格の人材，大学や研究機関，テレコミュニケーションやインフラといった高次の生産要素も含まれると述べている．藤田（2011）は，経営資源を獲得するのに有利な条件が揃っているほど，クラスターの競争優位性が高くなると述べている．また，石倉ら（2003）は，初歩的なクラスターでは，労働力や原材料調達の利

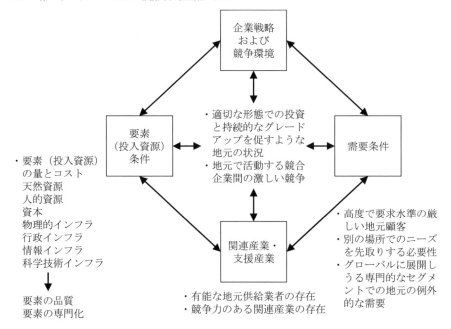

図 1-2　立地の競争優位を示すダイヤモンド・モデル
　　　　資料：ポーター（1999：p.83）より転写.

便性といった条件が重要となるが（この点については，第8章で述べる），高度
なクラスターになると，例えば，ハイテク型クラスターの場合，特定分野に関
して高度な研究機関の集積や専門化したベンチャー・キャピタル（VC）が多数
存在しているなどの条件が重要であることを指摘している.

　次いで，需要条件に関しては，その産業の製品やサービスに対する国内市場
需要の性質のことであり，いかに差別化に基づいた競争戦略が立案できるかが
重要となる．二神（2008）は，この条件に関して，国内市場において買い手の
ニーズの性格（多様化，複雑化，高次化），成長度合いとそのパターン，国内選
好を国外市場へと伝播するメカニズムの存在が重要であると指摘している．ま
た，藤田（2012）は需要条件に関して，高付加価値製品の場合，市場近隣で生
産する必要性は低く，むしろ，クラスターの内部あるいは近隣に，クラスター
企業にとって十分な量の知識や経験を持った消費者・ユーザーが存在している
ことの方が，競争力あるクラスター形成にとって重要であると指摘している．

　また，関連産業・支援産業とは，競争力を持つ供給産業やその他の関連産業

が存在するか否かを指している．藤田（2011）は，製品・サービスが最終消費者に届けられるまでには，いくつかの生産プロセス・段階が存在するが，クラスターが競争優位性を持つか否かは，最終製品・サービスを生産する企業・組織だけで決まるのではなく，それを支える関連企業の競争力に依存していると述べている．なお，石倉ら（2003）は，関連産業・支援産業の質的水準（例えば，高精度の加工ができる企業があるのかどうか）もまたクラスターの発展段階によって異なることを指摘している．

　最後に，企業戦略および競争環境であるが，これは地元の競合タイプや激しさを決定づけるルールやインセンティブ，規範を意味している．石倉ら（2003）は，クラスターの中核（アンカー）となる革新的な企業の存在とクラスター内での競争環境が重要であり，こうした革新的企業が存在しない場合，クラスターとしての発展に限界があることを指摘している．この点に関して藤田（2011）は，競争は必要であるが，単なる低コストを競うのではなく，クラスター全体での低コスト化，さらには差別化が重要であると指摘している．

　以上のように整理した4要素が相互に作用し，競争優位を創出する源泉となっている．ポーター（1999）は，クラスターは直接的にはダイヤモンド・モデルの一角（関連・支援産業）を構成するにすぎないが，実際は，クラスターはダイヤモンド・モデルの4つの要素の相互作用を示したものとして考えるのが最もふさわしいと指摘しており，4要素を含むダイヤモンド・モデル全体がクラスターであると述べている．また，二神（2008）は，これら4要因以外にも2つの要素が重要であると述べている．1つ目は，社会情勢の変化（例えばオイル・ショックなど），為替レートの変化，戦争，技術の急展開など，予知しえない要素である．2つ目は，政府の役割であり，政府が改善や高次化を促進することもあれば，保護政策をとることで結果的に改善や高次化を阻害する場合もあると指摘している．さらに，金井（2003）は，産業クラスターの形成を促す基礎的要因として，①地域独自の資源や需要の存在，②関連・支援産業の存在，③地域に革新的企業が存在すること，の3点を，産業クラスターを発展させる要因として，①学習の促進，②イノベーション競争，③プラットフォームとしての「場」の存在，を挙げている．また石倉（2003）は，クラスターを発展させるために，①長期的な取り組みと俊敏さのバランス，②ダイヤモンド・モデルの4つの要因の絶えざる更新，③関連産業・支援産業の積極的な働きかけ，

④クラスター間の競争関係，の4点が重要であると指摘している．

3．クラスター形成におけるイノベーション創出

（1）クラスター形成がもたらすイノベーション

　前節では，クラスターの競争優位性を規定する要因について述べてきたが，以下では，クラスター形成におけるイノベーション創出の可能性について検討していくこととしよう．ポーター（1999）はクラスターの形成において，以下の3つの形で競争に影響を与えると指摘している．まず，クラスターを構成する企業や産業の生産性を向上させることである[4]．次いで，企業や産業がイノベーションを進める能力を強化し，それによって生産性の向上を支えることである．最後に，イノベーションを支えクラスターを拡大するような新規事業の形成を刺激することである．換言すると，クラスターは，構成する企業や産業の生産性を向上させるとともに，イノベーションを誘発し，新規事業の形成など競争力向上を図ることで，地域の持続的発展に影響を与えるものであるといえる[5]．さらに，クラスターが競争に及ぼす3つの影響について[6]ポーター（1999：p.87）は，「どれもある程度は，人間どうしの付き合い，直接に顔を突き合わせたコミュニケーション，個人や団体のネットワークを通じた相互作用に依存している．」と述べている．このことは，利益を超えた人と人とのつながり，想いがクラスター形成において重要な視点であることを意味しているといえる．

　また，ポーター（1999）はクラスター形成がイノベーションや生産性向上にもたらすメリットとして以下の3点を挙げている．第1に，新しいニーズや可能性への気づきである．この点に関しては，クラスターに属することで，新しい顧客ニーズやトレンドを迅速かつ効果的に引き出せることや，技術やオペレーション，製品提供の面で新しい可能性に気づきやすくなる．第2に，資源や専門能力の調達である．これは，クラスターに属していれば，必要な部品，サービス，機械その他の要素をすばやく調達できる可能性や新しい製品やプロセス，サービスに関する実験費用の削減，かつ本格的なコミットメントの延長が可能となるなど，迅速に行動するための柔軟性と能力を得ることができることを意味している．第3に，プレッシャーの効果である．地理的に集中したクラ

スターで発生するプレッシャーによりイノベーション面で他のメリットの優位をさらに強化することができる.

　さらに, クラスター内で新規事業が生まれやすい理由として, ポーター(1999)は以下のことを指摘している. それらは, クラスター内部では市場機会についての情報が豊富であるため参入を誘うきっかけとなること, また, 製品やサービスなどの不足にも気づきやすく, 不足しているものを解消するために, 新規事業を起こそうとする発想が生まれやすいこと, さらに, クラスター内では必要な資産, 技術, 投入資源, 人間関係など, 容易に調達できる場合が多いため参入障壁が低く, そのため, クラスター以外に立地する既存企業 (国内・国外とも) も, クラスター内に子会社を設置することが多いと指摘している.

　その一方で, 留意すべき点として, ポーター (1999) は, クラスター内での競争が完全に統一してしまっている場合は, 新しいアイデアが抑圧されてしまうこと, 真に革新的なイノベーションの場合, 支援が得られない場合が存在することなどを指摘している. 近年では, 先進国で創出されたイノベーションにより発展した企業や産業は, 費用が安価でより利潤の高い新興国へ移転する動きがみられ, 新興国の成長により, かつて競争優位を有していた産業分野における優位性が喪失されつつあることが指摘されている (宇野 2016). そうした中, 新たなイノベーションも創出されている. アメリカの GE (ゼネラル・エレクトリック) 社は新興国をイノベーションの発信源とする「リバース・イノベーション」[7]という戦略を提唱し実践している. さらに, 発展途上国における貧困対策や環境問題の改善など, 経済的価値と社会的価値の両立を目指す新たなイノベーションもみられており, 今後は, 従来の発想にとらわれない形でイノベーションを創出する新たなクラスターが出現していくことが考えられる.

(2) イノベーションを創出する要素

　こうしたクラスター形成におけるイノベーション創出に関して, 辻田(2019)は, イノベーションは多様な知識が新結合を起こすために生じるが, ノウハウや経験などの「暗黙知」の共有や伝達には, 多様な知識を有する人や企業が実際に出会うことによるコミュニケーションが重要であると指摘している. 藤田(2010) も情報化が進んでいる「形式知」は, インターネットの活用で距離を超えて伝達できるが, 技術・情報・知識が文章や数式 (図表) の形式で成文化

しにくい「暗黙知」は，フェイス・トゥ・フェイスのコミュニケーションを中心とした対話によって蓄積され，知識創造活動が集積し，イノベーションが創出されると述べている．山崎（2002）は，企業の競争力や技術革新力の源泉は，企業内の人材蓄積とそれらの人材に蓄積された暗黙知が重要であるが，コミュニケーションによる知識・情報伝達が行われたとしても，イノベーションの創出に結びつくかどうかは，結局のところ人材の質に依存すると述べている．

　また，藤田（2010）は，イノベーションが創出される都市（あるいは，産業集積）では，複数の企業，大学・研究機関や行政を含む産業支援機関などがまとまって立地していることで規模の経済を機能させ，またそれらの間で知識外部性といった集積の経済を機能させ，クラスターを形成していると指摘している．金井（2012）は，地域のイノベーションを創出するクラスター形成や展開においては，共通の地域ビジョンの醸成，新たな方向性の創造を可能とする起業家活動によるプラットフォームの構築が重要であると指摘している．例えば，成功しているクラスターでは，地域の経営者や技術者，ビジネスパーソンの内部に発達したネットワークが，技術革新，生産，販売活動における中心的な役割を果たしており，有力な企業や機関と密接なネットワークを構築しているほど，高い生産性を示している（若林 2009）．また，金井（2003）も同様に，成功するクラスターにおいては，企業や多様な組織がネットワークを通じてお互いにコラボレートしているだけでなく，企業間や組織間での競争を通じて生産性の向上やイノベーションへの意欲を刺激し合いながら，クラスター全体の活力を維持している点に留意することが重要であると述べている．さらに中野（2011）は，ネットワーク型の組織では，広範囲に「弱いつながり」を持つネットワークを通じた情報収集の優位性を享受でき，また結合性の高いクラスター間で結びつけることで，巨大なコンポーネントとしての「スモール・ワールド」を創り出すことなどのメリットがあり，「緩くつながった大規模ネットワーク」が効率性の高い情報交換を可能にすると述べている．

（3）イノベーションを創出する新たなクラスター形成の可能性

　イノベーションを創出するクラスター形成において，近年，大きな変革をもたらしたのがインターネット，ICT や IoT などの新技術である．こうした IoT に関して，ポーター・ヘプルマン（Porter Micheal E. and Heppelmann James. E.

2015：P41）は，「IoT という呼称はさほど有益ではない．インターネットは，人をつなぐにせよ，モノをつなぐにせよ，単に情報を伝達する仕組みにすぎない．接続機能を持つスマート製品がなぜ画期的かというと，理由はインターネットにあるのではなく，「モノ」の本質が変化している点にある．接続機能を持つスマート製品の機能や性能の増大とそれが生み出すデータこそが，競争の新時代の到来を告げている．」と指摘している．また，ポーター・ヘプルマン（2015）は，接続機能を持つスマート製品[8]に関しては，業界構造と競争のあり方を変容させ，企業を競争上の新たな機会と脅威にさらし，業界地図を塗り替え，全く新しい産業を生み出す可能性があると指摘している．このことは，ポーターが提示していた産業クラスターの定義における「地理的に接近した」という記述は，インターネットの普及により，インターネット上で企業間がネットワークを構築できれば，インターネット上においてクラスターが形成できる可能性があるとも解釈できる．そのうえでまた，ICT や IoT などの新技術導入は，効率化や高品質化を追求するプロセス・イノベーションよりも，顧客や消費者のニーズに応える新たな製品やサービスを提供するプロダクト・イノベーションがますます重要となってくることを意味しているといえる．

　これら新技術の導入は，イノベーション創出において重要な知識集積に資する「形式知」および「暗黙知」のあり方にも影響を与える．「形式知」は，インターネットの発展により，距離を超えて敏速に伝達することが可能となった．さらに ICT や IoT などの活用は，より人々の物事に対する理解に寄与し，またデータとして蓄積することを可能とした．しかし，技術・情報・知識が文章や数式（図表）の形式で成文化しにくい「暗黙知」に関しては，ICT や IoT などを活用することにより，ある程度の水準までは伝達可能であるといえるが，肝要なところ（例えば，技術習得の感覚・コツなど）は，フェイス・トゥ・フェイスでのコミュニケーション，またはそれに近似するコミュニケーションが重要であると考える．

　そうした中，少子高齢化で働き手の人口が大幅に減少している現状において，暗黙知となっているノウハウや知識を次世代へいかに伝承するかが喫緊の課題となっており，技術開発やものづくりなど様々な分野で取り組みが図られている．例えば，農業分野においては，南石（2015）は，今後数年で急速に失われていく可能性のある篤農家の有する「匠の技」（暗黙知）を可視化し，他の農業者や新規参入

者などに継承する仕組みを確立するために，ICT を用いた営農可視化システム（農業技術・ノウハウ・技能の可視化など）と伝承支援の手法を構築している[9].

　その一方で，インターネット，ICT や IoT などの新技術の利用により，今後ますます重要となってくるのがデータの取り扱いについてである．これら新技術の活用により，データは様々な場面で大量かつ容易に収集されるようになった．それゆえ，データの管理（例えば，保存方法や保存場所など）に関しては，これまで以上に注意を払う必要がある．特に，新技術を導入して収集したデータの取り扱いおよび利用に関しては注意を払う必要がある．こうしたデータの取り扱いに関しては，データの所有・利用の権利に関する問題も含まれる．例えば，農業データの取り扱いに関して，北島（2019）は，農機メーカー等が生産者と契約を結びデータ収集を行うケースが増えてきている一方で，農家にとっては，ノウハウを搾取されるなど，データの扱いに関する契約が農家側に不利となることや，そのような不安によってデータの収集や利活用が遅れることへの懸念について指摘している．特に，南石（2015）が述べていた篤農家の「匠の技」に関しては，可視化が困難な部分もあるため，その取り扱いには，慎重を期す必要があるといえる．

　以上のことより，新技術導入による新たなクラスターにおいては，効率的に製品を作る場だけではなく，様々な環境の変化に対応できる場を形成していくことが重要であるといえる．そのうえで，地域社会に貢献するイノベーションを創出していくことが重要となってこよう．地域における産業を横断し，地域社会に貢献する新たなイノベーションでは，クラスター内の様々なステークホルダーがネットワークを構築することで，新たな事業展開や技術開発が図られ，地域全体に波及し，相乗効果が生みだされることが期待される．

4．おわりに

　本章では，クラスター形成による新たなイノベーション創出について検討してきた．具体的には，まず，これまでのクラスターの先行研究を基に，クラスターの概念整理を行った．次いで，クラスター形成がもたらすイノベーション創出の可能性について検討してきた．

　クラスターの概念整理では，社会・経済を取り巻く環境の変化に伴い，産業

クラスターを形成しているステークホルダーやクラスターの範囲などが多様化している現状を鑑み，一義的に定義すべきではないことを示した．すなわち，広義のクラスター形成では，川上（原材料）から川下（最終製品）に至るまでの生産，流通，販売におけるすべての製品やサービスに関わるステークホルダー間における，通常の取引を超えた特別の協力関係，協同の関係が重要であることを提示した．また，クラスター形成におけるイノベーション創出の検討では，イノベーション創出に資する知識集積においては，コミュニケーションの蓄積が重要であることを示した．さらに，ICT や IoT などの新技術導入により，新たな産業クラスター形成の可能性を示した．

　今後は，ICT や IoT などの新技術導入により，従来の発想にとらわれない形でのイノベーションを創出するクラスターが考えられるとともに，地域社会に寄与するクラスター形成およびイノベーション創出の重要性が高まることが考えられる．こうした新たなクラスター形成によるイノベーション創出のメカニズムを明らかにしていくためには，事例分析を積み重ねていくことが必要である．

注

1）クラスターに関連する研究はこれまで多くの蓄積がある．例えば，金井（2003）は，マーシャル以降，産業の地域的集中や産業・企業立地の問題として経済地理学，地域経済学，空間経済学分野のみならず，近年では，経営戦略論，経営組織論，ネットワーク論，イノベーション論などの関連分野とともに発展してきており，古くから産業の「集積力」（地理的集中）が地域の競争力の鍵となっていたことの重要性を指摘している．

2）新村（2008）では，創造は「新たに造ること．新しいものを造りはじめること．」，創出は「物事を新たにつくり出すこと．」と記されている．本章および本書における「イノベーション」は，「物事を新たにつくり出す」ことを意味し，「イノベーション創出」と記す．

3）新村（2008）では，「協同」は「ともに心と力をあわせ，助け合って仕事をすること．」と記されている．本章においても同様の意味合いで用いることとする．なお，クラスター形成によるイノベーションを創出する段階の場合は，「共働」を用いることも想定される．「共働」の用語に関しては南石（2021）

を参照のこと.

4) ポーター（1999）は，クラスター形成による生産性向上に関して，以下の5つの要素が影響していると述べている. 第1に，専門的な投入資源および労働力調達である. クラスターに属していれば，属していない場合より，専門性の高い投入資源（部品，機械，サービス，人材など）を低コストで入手し易くなり，クラスター内で投入資源の効率化が図られることとなる. 第2は，情報へのアクセスの容易さであり，クラスター内部に市場や技術などの専門的な情報が，企業や地元機関の中に蓄積されていくため，こうした情報へのアクセスが容易となる. 第3の要素は，補完性であり，製品や顧客価値創出，マーケティング，顧客から見た効率の改善のほか，クラスター参加者の活動を効率的に調整する側面も持ち合わせている. 第4の要素は，各種機関や公共財へのアクセスの容易さであり，クラスター内に蓄積された情報は本質的に準公共財とみなすことが多く，多額の費用を払わなければ入手できなかった投資資源の多くへのアクセスが容易となる. 第5は，インセンティブと業績測定であり，クラスター内での繰り返しの取引が行われるので，情報や評判が伝わりやすいため，長期的利益につながる行動をとるとともに，クラスター内での競争圧力を生じさせることとなり，生産性が向上することとなる.

5) 名和（2015）は，日本では「イノベーション」を「技術革新」と狭い意味でとらえてしまったため,時代の潮流から完全に後れを取ったと指摘している.

　なお,本章におけるイノベーションは,シュムペーター（Schumpeter 1934）のいう「新結合の遂行」に類似するものである. シュムペーター（1934）による「新結合」とは以下の5つである.

　第1に，新しい財貨，すなわち消費者の間でまだ知られていない財貨，あるいは新しい品質の財貨の生産. 第2に，新しい生産方法，すなわち当該産業部門において実際上未知な生産方法の導入.これは決して科学的に新しい発見に基づく必要はなく,また商品の商業的取扱いに関する新しい方法をも含んでいる. 第3に，新しい販路の開拓，すなわち当該国の当該産業部門が従来参加していなかった市場の開拓.ただしこの市場が既存のものであるかどうかは問わない. 第4に，原料あるいは半製品の新しい供給源の獲得.この場合においても,この供給源が既存のものであるか－単に見逃されてい

たのか,その獲得が不可能とみなされていたのかを問わず－あるいは初めて
つくり出されねばならないかは問わない.第5に,新しい組織の実現,すな
わち独占的地位（例えばトラスト化による）の形成あるいは独占の打破,で
ある.

6) 森嶋（2014）は,これらの3要素を整理し,産業クラスターには,特定地域
への新規の集中投資もしくは旧来からの産業集積を活かした「産業創出/発
展型（特定産業＋地理的集中）」,特定産業内での相互関連性による「知識創
造型（特定産業＋相互関連性）」,特定の産業を軸とせず地域内の多様な主体
が相互に連携する「地域クラスター（相互関連性＋地理的集中）」に分類で
きると指摘している.

7) 通常は,人材や環境が揃う先進国で生まれた技術や製品を,機能を省略した
品質を一部下げて新興国市場に投入するが,リバース・イノベーションでは
下流で生まれた技術や製品を,上流へ逆流させるまったく逆の流れで行われ
ている（名和 2015）.

8) 物理的要素,「スマート」な構成要素,接続機能の3つの柱を備えたもので
ある.

9) 篤農家の技術伝承や現場で必要な生産技術開発に関する取り組みの実証事
例として,「農匠ナビ1000」プロジェクトでは,農業生産者の目線からのICT
等のスマート農業技術を用いた研究・開発,実践的取り組みが行われている.
詳細は南石ら（2016）・南石（2019）を参照のこと.

引用文献

アナリー・サクセニアン（1995）『現代の二都物語』（大前研一訳）講談社.
石倉洋子（2003）「今なぜ産業クラスターなのか」石倉洋子・藤田昌久・前田　昇・金井一頼著『日本の産業クラスター戦略－地域における競争優位の確立－』有斐閣：1-41.
石倉洋子・藤田昌久・前田　昇・金井一頼・山崎　朗（2003）「日本の産業クラスター戦略に向けて」石倉洋子・藤田昌久・前田　昇・金井一頼著『日本の産業クラスター戦略－地域における競争優位の確立－』有斐閣：263-284.
宇野誠二（2016）「クラスター研究における新たな分析フレームワークに関する考察：クラスターとイノベーションの関係を中心として」『経営研究』66（4）：313-330.
金井一頼（2003）「クラスター理論の検討と再構成－経営学の視点から」石倉洋子・藤田昌久・前田　昇・金井一頼著『日本の産業クラスター戦略－地域における競争優位の確立－』有斐閣：43-73.
金井一頼（2012）「企業家活動と地域イノベーション－企業家プラットフォームの意義－」

『日本ベンチャー学会誌』20：3-13.

北川泰治郎 (2018)「北海道の中小企業における CSV の可能性」『商学討究』69(1)：111-130.

北島顕正 (2019)「農林水産業への ICT の活用－政府の取組と活用に向けての課題」『調査と情報』1052：1-10.

シュムペーター・A・ジョセフ (1977)『経済発展の理論』(塩野谷祐一・中山伊知郎・東畑精一訳) 岩波書店.

新村　出 [編] (2008)『広辞苑 (第六版)』岩波書店.

総務省 (2018)「平成 30 年版　情報通信白書」, https://www.soumu.go.jp/johotsusintokei/whitepaper/ja/h30/pdf/index.html (2020 年 8 月 10 日参照).

辻田昌弘 (2019)「イノベーション・エコシステムとしての都市」山崎　朗編著『地域産業のイノベーションシステム』学芸出版社：201-219.

名和高司 (2015)『CSV 経営戦略：本業での高収益と, 社会の課題を同時に解決する』東洋経済新報社.

南石晃明 (2015)「農業技術・ノウハウ・技術の可視化と伝承支援－ICT による営農可視化－」南石晃明・藤井吉隆編著『農業新時代の技術・技能伝承：ICT による営農可視化と人材育成』農林統計協会：39-64.

南石晃明・長命洋佑・松江勇次編著 (2016)『TPP 時代の稲作経営革新とスマート農業－営農技術パッケージと ICT 活用－』養賢堂.

南石晃明編著 (2019)『稲作スマート農業の実践と次世代経営の展望』養賢堂.

南石晃明 (2021)「研究者と農業経営者の「共働」によるスマート水田農業モデルの構築－農匠ナビプロジェクトによる「匠の技」の可視化と伝承支援－」『農林業問題研究』57 (1)：15-22.

藤田　誠 (2011)「産業クラスター研究の動向と課題」『早稲田商学』429：101-124.

藤田　誠 (2012)「産業クラスターの現状と研究課題」『早稲田商学』431：787-811.

藤田昌久 (2010)「産業集積から産業クラスターへ－空間経済学の視点－」藤田昌久監修　山下彰一・亀山嘉大編『産業クラスターと地域経営戦略』多賀出版：3-25.

二神恭一 (2005)「産業クラスター：理論と現実」二神恭一・西川太一郎編著『産業クラスターと地域経済』八千代出版：1-30.

二神恭一 (2008)『産業クラスターの経営学：メゾ・レベルの経営学への挑戦』中央経済社.

マイケル・E・ポーター (1999)『競争戦略論 (Ⅱ)』(竹内弘高訳) ダイヤモンド社.

マイケル・E・ポーター, ジェームズ・E・ヘプルマン (2015)「IoT 時代の競争戦略」『DIAMOND ハーバード・ビジネス・レビュー』40 (4)：38-69.

前田　昇 (2003)「欧米先進事例から見たクラスター形成・促進要素」石倉洋子・藤田昌久・前田　昇・金井一頼著『日本の産業クラスター戦略－地域における競争優位の確立－』有斐閣：129-174.

松行康夫 (2006)「日本発の産業クラスターの戦略的形成と研究開発による競争力の創成」『経営力創成研究』2 (1)：101-112.

山崎　朗 (2002)「地域戦略としての産業クラスター」山崎　朗編『クラスター戦略』有斐閣選書：2-30.

山崎　朗 (2005)「産業クラスターの意義と現代的課題」『組織科学』38 (3)：4-13.

若林直樹 (2009)『ネットワーク組織：社会ネットワーク論からの新たな組織像』有斐閣.

第2章　食料産業クラスターの展開と類型化

1. はじめに

　わが国の農業を取り巻く環境は，農業従事者の高齢化および担い手の不足，少子高齢化や人口減少による食料消費の減少，耕作放棄地や遊休農地の増大，それに伴う鳥獣被害の拡大など，様々な問題が顕在化している．その一方で，食料を取り巻く環境に関しては，輸入食品の増加に伴う価格の下落，輸入加工原料の価格高騰によるコストの上昇，消費者嗜好の多様化や嗜好の急激な変化のほか，経済および食のグローバル化の進展とともに農産物市場の開放が求められている．

　これらの環境下において，地域農業や食品産業は生き残りを変えて国際競争力を持つことが迫られており，農業と食品産業との連携の必要性が高まっている．農林水産省（2005）では，「地域の食材，人材，技術その他の資源を効果的に結び付け，地域に密着した食品産業の振興を図るため，農業・食品産業・関連産業その他異業種も含めた連携の構築 食料産業クラスターの形成を推進する．このため，食料産業クラスター形成のための協議会を各地方に設立し，加工適性に優れた品種や新たな加工技術の開発・導入，地域食材を活用した新商品の開発等の取組を推進する」とし，2005年から食料産業クラスター事業を開始している．食料産業クラスターの形成により，産地では食品産業，関連産業が集積し，生産性の向上，イノベーションの創出，新事業の開発によって地域全体の販売額や雇用の拡大，さらに地域資源の有効活用を図る取り組みが実施されており，農業と食品産業の競争力拡大が行われている（斎藤 2007）．

　国や自治体は，このようなクラスターの形成や運営に対して様々な支援策を打ち出しており，それに呼応するかのように，各地でクラスターが形成されている．ただし，それらすべてのクラスターが成功しているわけではない．これまで食料産業クラスターは経営体の集積は地域的に限定され，産業クラスターと比べると小規模な集積体であり，イノベーションが活発でないことが指摘されてきた（例えば，斎藤 2010a, 2010b, 2012, 森嶋 2012）．近年では，グローバル化の進展や

ICT などの情報通信技術の発達により，酪農をはじめとする農業・食料産業においても新たなイノベーションの萌芽がみられるようになってきている．今後，農業および食料産業を取り巻く環境では，多様な展開が図られ，新たなクラスターの形成によるイノベーション創出の可能性が考えられる．

　そうしたクラスター形成に資するステークホルダーの結びつき（ネットワーク）に関しては，従来の国や自治体のみならず，地域のリーダー的主体が形成する組織や，個々に必要とされる技術・研究開発による製品開発など，その関係性が多様化してきており，これまでのクラスターの範疇を超える広義でのクラスター形成が展開されている（長命 2019）．さらに近年では，農業生産者や関連産業・企業および研究機関や政府・大学などがネットワークを構築することで，情報・知識・技術を集積し，農業の生産現場で必要な技術の研究開発および実用化を図る新たなイノベーションが創出されている（例えば，南石ら2016，南石 2019）．

　そこで本章では，クラスターを構成するステークホルダーやプラットフォームの視点からクラスターの展開について類型化を行うことを目的とする．以下，次節では，食料産業クラスターの概念について整理を行う．第3節では，食料産業クラスターにおいて，プラットフォームを形成しているステークホルダーとの関係性について，具体的事例を念頭に置き試論的に類型化を試みる．第 4節では，本章のまとめを行う．

2. 食料産業クラスターの概念

　産業クラスター政策に関しては，2001 年に経済産業省で産業クラスター計画が開始されて以降，2003 年に文部科学省より知的クラスター創生事業が，また，2005 年には農林水産省による食料産業クラスター形成の支援事業が開始された．当初，食料産業クラスターに関する事業は 2009 年度まで継続の予定であったが，2008 年のいわゆる農商工等連携関連 2 法[1] の成立に合わせて，農商工連携の促進を通じた地域活性化のための支援策の枠組みの中に組み込まれた．しかし，農商工連携を全面に押し出すスキームは長続きせず，2010 年度からは六次産業創出総合対策が予算の主要事項となり，その中で今度は「農商工連携の推進」が，同対策の地産地消・販路拡大・価値向上という支援の枠組みに組み

込まれている（森嶋 2013）．この点に関して，森嶋（2013：P121）は「これら『食料産業クラスター』・『農商工連携』・『六次産業』という3つの概念間の関係は，それぞれ後者が前者を含むという三重の入れ子構造になっている」と指摘している．

　また，食料産業クラスターの定義に関して，農林水産省（2006）は「コーディネーターが中心となり，地域の食材，人材，技術その他の資源を有効に結びつけ，新たな製品，販路，地域ブランド等を創出することを目的とした集団」とし，「この食料産業クラスターの形成を推進することにより地域の食品産業と農林水産業との連携の促進，ひいては我が国の食料自給率の向上と食料の安定供給を図る」ことを目的として掲げている．高橋（2013）は，食料産業クラスターの推進では，国産原材料の有効活用，競争力と付加価値のある新たな食品開発と商品販売戦略を駆使して，地域食材をテーマとしたブランド化への取り組みや新たな市場創出を目指し，食料産業クラスターに関連する事業を展開することが期待されていると述べている．斎藤（2010b）は，食料産業クラスターでは，イノベーションとして新産業の創出，地域ブランドの確立，バリューチェーン（価値連鎖）とサプライチェーン（供給連鎖）の形成，食と農の連携によって，最終的には地域全体の所得と雇用の拡大を通じた地域資源の有効な活用を実現することが目的となると述べている．これらのことより，食料産業クラスターは，地域農業および地域産業が集積することで，ステークホルダー間での知識や情報の交流・共有・蓄積が行われることにより，イノベーションを誘発し，地域活性化を図るものであるといえる．また，高橋(2012)，斎藤(2014)や森嶋（2014）は，食料産業クラスターの形成やイノベーションの創出には，自治体，農協，地域の食品・関連産業，研究機関・大学などによるプラットフォーム構築が重要であり，知識共有・蓄積や価値提供により，事業戦略へと連動させることが必要であると指摘している．

3. 食料産業クラスターに関連する先行研究の整理

　前節では，食料産業クラスターは，地域農業および地域産業が集積し，ステークホルダー間での知識や情報の交流・共有・蓄積が行われたことにより，イノベーションを誘発し，その結果として，地域活性化に結びつく取り組みが図

られてきたことについて述べてきた．これら地域における諸資源を活用し，農業を加工業やサービス業と連結させることにより農産物の高付加価値化や雇用の創出を実現し，地域活性化をめざす六次産業化や農商工連携における取り組みは，小田ら（2014）が指摘するように決して新しいものではない[2]．

　以下では，橋本ら（2005）および石田（2018）の研究を基に，食料産業クラスターに関する先行研究の整理を行う．まず，地域産業複合体におけるクラスター形成について整理したのち，六次産業化および農商工連携におけるクラスター形成について述べていくこととしよう．

（1）地域産業複合体とクラスター形成

　1980年代以降，農協が主体となり，農産物の加工に取り組むことで，地域農業の振興策や農協運動などの展開が図られ，大分県の一村・一品運動をはじめとし，各地で加工に取り組むようになり，ムラづくり，地域おこしが広がっていった．竹中・白石(1985)は，農協を中心とした加工を「農業複合化」における1.5次産業と位置づけ，内発的な地域振興の担い手として重要な役割を果たしていることを指摘している．また，農村地域社会の発展とそれを担う主体的組織を解明するために設定された動態的概念として，坂本・高山(1983)および坂本ら(1986)は，地域複合体を提示している．地域複合体は，「農村地域における，もともと異なった構成原理と存在理由をもつ技術・経済社会・行政にかかわる諸集団または諸組織が，地域資源の新結合の遂行によって地域目標を実現するために，相互に協同のネットワークを複合的・重層的に形成している動態的システム」と定義されている．また，地域複合体の経済的側面を表現するものを地域産業複合体ととらえている．さらに，坂本ら(1986)は，地域の諸集団[3]は，地域の目標に対して，地域諸資源を可能な限り有効に利用するために，地域諸資源の結合関係を絶えず組み替えながら活動し，この組み替えが目標に即して適正に行われるときに地域革新(regional innovation)が展開されると述べている．こうした地域複合体の概念は，地域革新を創出するための，地域資源の新結合の意味において，クラスターの概念を含有したものであるといえる．

　また竹中・白石（1985），竹中ら（1995）は，農業地域における多様な産業との連携・複合化[4]に着目し，地域経済複合化の概念を提示している．地域複合経済化は，「地域農業を基軸とし食品加工産業（工業）や流通産業（商業），そ

して観光産業などを含め，地域を 1 つの経済単位とみなし，トータル経営を実現するため，地域内の農業，工業，商業が連合または結合し，互いに有機的な循環をとおしてメリットを追求していく組織体である」と定義されている．岡田（1996）は，農林業の直接的生産物は最終消費に至る川下部門において付加価値をつけやすい商品であり，加工や販売部門が地域内にあれば素材としての農林産物の販売よりもはるかに大きな付加価値が地域内に還流することは明らかであると指摘している．さらに，条件不利地などにおける産業再構築の方策としては，村の自然資源や高齢者の人的資源を活用して，福祉分野との結合も含め，地元農林産物を活用する加工販売事業所の設立など，農林業を基盤とする農村地域産業複合体の形成を目標にすべきであると指摘している．

　橋本ら（2005：p.7）は，地域産業複合体を「農業を基盤に，それが産出した農産物の加工業，その製品の販売に関わる卸・小売業，さらには農業のもつ多面的な機能を活かした観光・サービス業，農業や農産物加工用諸資材の生産・販売業等が同一地域に立地し，経済関係をベースに相互に連携・結合する状態」と定義している．また，六次産業化や内発型アグリビジネスは，農業を基盤として社会的分業の拡がりを志向しているのに対し，地域産業複合体は，すでに社会的分業が完了している異なった産業分野や部門が一定の地域内において連携・結合することに着目したものであると指摘する一方で，農業を孤立的にとらえるのではなく，他の産業との連携・結合や農業の多面的機能と関連付けてとらえている点において，基本的に共通しており，両者の間にあえて高い垣根を作る必要はないと述べている．

（2）六次産業化・農商工連携とクラスター形成

　1990 年代後半になると，今日でも議論されている六次産業化などに見られる新たな付加価値を創出する取り組みが提唱されるようになる．六次産業化は，今村（1997, 2010）が農業・農村に二次産業，三次産業の分野を取り入れ，農業・農村の活性化を推進すべきであるとの理念に基づき提唱したものである．すなわち，農業・農村の活性化の推進のために，第一次産業と第二次産業・第三次産業とが有機的・統合的結合を図ることにより，農業経営や地域農業が活性化することを意味するものといえ，農業者が他産業の事業者と連携しながら生産から加工，流通，販売まで手掛ける取り組みであるといえる．

　六次産業化について，農林水産省（2010）では，「一次産業としての農林漁業と，二次産業としての製造業，三次産業としての小売業等の事業との総合的かつ一体的な推進を図り，地域資源を活用した新たな付加価値を生み出す取組」と定義している[5]．六次産業化は，農林水産省の事業として 2011 年 3 月に「地域資源を活用した農林漁業者等による新事業の創出等及び地域の農林水産物の利用促進に関する法律（通称：六次産業化法）」により施行された．

　また，斎藤（1996）はフードシステム論の枠組みから地域内発型アグリビジネスの概念を提唱した．地域内発型アグリビジネスとは，地域資源を有効に利用し，生産－加工－販売の統合化によって，川上－川中－川下の価値連鎖を実現することが，原料・食材の利用，多様な雇用の場の創出になり，川上，川中の部門の利益を生産部門に移転させることや消費者との交流を強めることによって，地域資源の活用がさらに進展するシステムである．内発型アグリビジネスでは，活動の主体は地域内の農業部門であるが，食品クラスターの形成など，川中・川下の垂直的統合化による事業領域拡大を視野に入れたバリューチェーン形成，付加価値の創出に主眼が置かれている．なお，中山間地域では地域資源を有効に活用しようとすると「規模の経済性」よりも「範囲の経済性」が作用し，さらに川上－川中－川下を経営主体が地域内で統合する場合，主体間の提携は「連結の経済性」となると斎藤（1999）は述べている．また，地域内発型の条件は，地域の高齢者を含めた労働力・人材の活用，原料（食材）の地域内からの調達割合が高く，地域資源が有効に活用されていること，担い手は，地域の中小資本，第三セクター，農協，農業生産法人のみならず，任意組合や個人も含まれ，いずれも生産に基礎を置いていること，などとなっている．

　農商工連携については，経済産業省と農林水産省との共同管理事業として，「中小企業者と農林漁業者との連携による事業活動の促進に関する法律（通称：農商工等連携促進法）」が 2008 年 7 月に施行された．農商工連携は，「中小企業の経営の向上及び農林漁業経営の改善を図るため，中小企業者と農林漁業者とが有機的に連携して実施する事業であって，当該中小企業者及び当該農林漁業者のそれぞれの経営資源を有効に活用して，新商品の開発，生産若しくは需要の開拓又は新役務の開発，提供若しくは需要の開拓を行うもの」と定義され，農林漁業者と中小企業者との連携が重要な要件となっている．また斎藤（2010b）は，当事業では，農業生産者はパートナーシップによる戦略的提携と

いうよりも，原料調達の対象という認識が強いこと，また，製品開発が地域への雇用を含めた所得循環を生みにくいため，地域への波及効果が小さく，この点は食料産業クラスターにおける製品開発でも同様であると指摘している．

4．食料産業クラスター形成の類型

　以上で述べたように近年，食料産業クラスターの形態は多様化してきていることが考えられる．そこで本節では，具体的な事例を念頭に置きつつ，食料産業クラスターの類型化を試論的に試みることとする．なお，クラスター形成における構成要素と範囲に関しては，長命・南石（2020b）に基づき，川上（原材料）から川下（最終製品）に至るまでの生産，加工，流通，販売におけるすべての製品やサービスに関わるステークホルダー（研究機関，政府・大学，関連企業，民間団体，金融機関など）を含んだものと考える（図2-1）．類型化にあたっては以下の2つの基軸を設定した．

　第1の基軸については，クラスター形成による重点目標を設定した．なお，この基軸に関しては，経済産業省（2010）で記されている産業クラスターの 2類型の視点を参考にした．第1の方向は，地域主導型クラスターである．これは，地域のボトムアップの取り組みが成長につながることを念頭に置いた，地

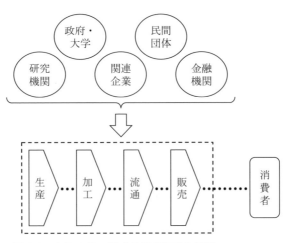

図2-1　クラスター形成の構成要素と範囲
資料：筆者作成．

域活性化を目標としたクラスターである．第2は，先導的クラスターであり，国際競争力の観点から産業政策として行うことを念頭に置いた，国際競争力向上を目標としたクラスターである．これらより，第1の基軸として，地域活性化および国際競争力向上を軸とする重点目標を設定した．

　次いで，第2の基軸は，クラスターを形成する中核機関である．これまで，クラスターの形成においては，行政や自治体がクラスターの協議会の事務局を担うなど中心的な役割を果たしてきた．しかし，近年では，農業生産者や食品製造業者，農業機械メーカーなどが主体となるなど，多様な主体がクラスターを形成するようになってきている．そこで，第2の基軸として，農業生産者・民間企業および行政・自治体を軸とする中核機関を設定した．

　以上の基軸に基づき，食料産業クラスター形成について，具体的事例を念頭に置きつつ，試論的に8つの類型化を試みた．図2-2は，食料産業クラスター

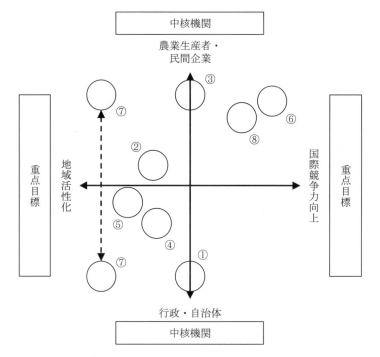

図2-2　食料産業クラスターにおける中核機関と重点目標に関するイメージ図
　　　資料：筆者作成．
　　　注：図中の数字は，図2-3における類型化番号に対応している．

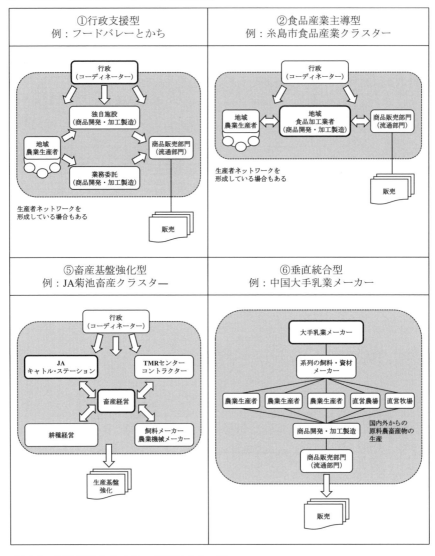

図 2-3　食料産業クラスターの類型イメージ
　　　　注：図中，太線枠はクラスターにおける中核機関を示しており，点線枠はプ
　　　　　　ラットフォームを示している.
　　　　資料：筆者作成.

における重点目標と中枢機関に関して，具体的事例を念頭に置きつつ模式化し
たものである. なお，図中の数字は図 2-3 の事例番号に対応している. 以下で

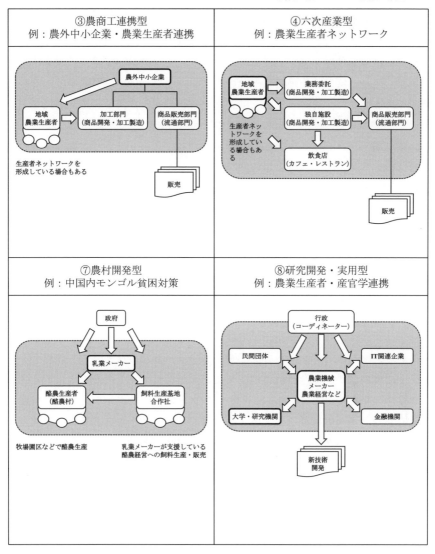

は，図 2-3 に示した 8 つの類型化についてみていくこととしよう.

　第 1 は，フードバレーとかちなどに見られる，いわゆる典型的な食料産業クラスターである [6]. このクラスターでは，地域の農業生産者が中心となり，農業生産者間でのネットワーク形成や食品産業，農協，大学・研究機関などと連携することで，生産－加工－流通－販売のバリューチェーンを構築し，地域の

食材を活かした新たな商品開発や国内外への販路開拓，地域ブランドの創出などを行い，地域活性化に向けた取り組みが行われているのが特徴である．また，行政・自治体などがコーディネーターとなり，クラスター協議会の設立や事務局運営に携わっており，事業化のためのプラットフォームを形成しているのも特徴である[7]．コーディネーターは，地元食材を使った商品開発，地元企業とのマッチングの場の提供，新商品販売のための PR 活動や人材育成セミナーなど，各事業やプロジェクトの支援を行っている．なお，こうした取り組みを支援していくためには，地域の銀行やファンドなどとの連携も必要といえる．これらのことより，このクラスターは，①行政支援型のクラスターであるといえる．

第2は，地域の地元食品企業などが中核機関となり，クラスターを形成しているパターンである．例えば，このクラスターの事例として，長命・南石 (2019) が取り上げている糸島市食品産業クラスターなどが想定される．このクラスターでは，食品加工事業者と農林水産事業者などが交流し，相互に連携することにより，地元の食材，人材，技術など，それぞれが持つ経営資源を有機的に連携させ，新商品開発や販路開拓，地域ブランドの創出などが図られている．異業種が連携することで，新たな商品開発や，大手百貨店などへの販売提案・イベント開催のほか，地産地消の推進や地元学校給食へ食材を提供することにより地域活性化を推進している．このクラスターは相対的に小規模の単位で構成されており，地元の事業者が主体となり構成されていることが多く，市役所などの行政機関は，クラスターを支援する役割が強いといえる．ゆえに，これらのクラスターは，②食品産業主導型のクラスターであるといえる．

第3は，農外中小企業の加工会社などが主体となり，原料農産物の確保を目的として農業生産者と連携するクラスターである．なお，農業生産者は地域の農業者とネットワークを形成している場合もある．こうしたクラスターは，いわゆる農商工連携の形であるといえ，これまで数多くの具体事例が報告されている[8]．このクラスターでは，例えば，カット野菜業者や漬物業者などの加工会社と農業生産者との連携を見ると，出荷量や規格，買取価格に関しての契約を結ぶことによる生産が行われている．また，家畜生産と連携している精肉店や焼肉店の場合では，事業者が望む飼養方法（例えば，放牧や平飼いなど）や給餌飼料（飼料稲や飼料添加物など）のほか，通年出荷可能な頭数や販売価格

などの契約に基づいた生産が行われる．これらのクラスターでは，品質の高位安定化や規格の標準化を図る目的で，当該生産者間における生産管理・生産技術情報などの共有化や加工会社を中核とした事業主体との情報の共有化といった情報ネットワークも重要となる．こうしたクラスターは，③農商工連携型であるといえる．

　第4のクラスターは，農業生産者が自ら加工，販売を行うパターンのほか，加工品の製造を外部委託（OEM[9]）し，商品販売を行うパターン，農業生産部門を基軸としながらもカフェやレストランなどのサービス部門への展開を図るパターンが想定され，いわゆる六次産業化に取り組んでいるクラスターである．このクラスターは第3のパターンと同様に，数多くの事例が報告されている[10]．製造された加工品の販売は，直売所やインターネットなどで販売する．加工品製造においては，当該経営体内で生産した農産物だけを利用する場合もあれば，地域の生産者とネットワークを形成し，そこから原料農産物を調達する場合などが想定される[11]．また，これらのクラスターでは，原料農産物の周年調達などに関する地域内・地域間でのステークホルダー，加工品製造や調理販売に携わるステークホルダーなどとの関係が重要である．近年では，農業分野と福祉分野が連携して障害者や生活困窮者，高齢者などの農業分野への就農・就労を促進する「農福連携」の取り組みも注目されており，障害者施設では，自然栽培による農産物の生産，加工・販売までを手掛けることで付加価値を創出する事例もある．以上のことより，これらのクラスターは，④六次産業型と考えられる．

　第5のクラスターは，畜産農家をはじめ，地域に存在する地域の畜産関係者（コントラクターなどの支援組織，流通加工業者，農業団体，行政など）が有機的に連携・結集し，地域ぐるみでの高収益型畜産体制を展開し，コストの削減や付加価値の向上・需要の創出などを目指す取り組み（農林水産省 2015）が想定され，いわゆる畜産クラスターの形である．例えば，酪農経営におけるクラスター形成では，高齢化・後継者不足などによる労働力不足，飼料生産基盤の確保が困難であることなどが課題となっており，農業機械メーカーからの搾乳ロボットなどの省力化機械の導入，コントラクターなどの外部支援組織との連携を進めることで，労働負担の軽減を図っていくことが可能となる．また，肉用牛経営におけるクラスター形成では，飼養頭数の減少への対策として，JA

のキャトル・ステーションやキャトル・ブリーディング・ステーションへの預託を活用することにより，地域全体で繁殖基盤の強化が図られている（長命 2019）．なお，規模拡大による家畜ふん尿由来の環境問題においては，耕種農家の圃場（飼料作圃場や水田・畑など）へ堆肥還元などを行い，稲わらなどとの交換を行う耕畜連携の取り組みが想定される．以上の取り組み事例より，これらは，⑤畜産基盤強化型のクラスターであるといえる．

　第 6 は，飼料生産から生乳生産，加工，流通，販売までのサプライチェーンの垂直統合が行われているパターンが考えられる．例えば，長命（2017）や長命・南石（2020a）で述べられているように，中国の大手乳業メーカーでは，酪農生産における育種計画から飼料生産，個体の飼養管理，搾乳から生乳加工，乳製品製造・販売に至るバリューチェーンを構築している．その一方で，生乳の供給元である酪農経営に対しては，自社の飼料工場（濃厚飼料）や飼料基地（デントコーンや粗飼料など）からの飼料供給，乳牛の飼養管理技術，生乳の品質管理や集乳など，酪農生産に関する支援を行うことによって，原料乳の安定的な調達を実現している．近年では，良質な生乳の安定的供給の必要性が高まったことより，大手乳業メーカーでは，大規模な直営牧場を建設する動きが進んでいる．また，国内では，養鶏のインテグレーション [12)] が同様のクラスターを形成しているといえる．ゆえにこれらのクラスターは，⑥垂直統合型であるといえる．

　第 7 のクラスターは，発展途上国や開発の遅れている地域において，技術支援，生態保全・環境保全や貧困対策，技術支援などを行い，イノベーションを創出しようとするものである．例えば，木南（2010）は，中国において開発が遅れている地域を対象に，クラスター形成による農業農村開発が，イノベーション創出，貧困対策などに大きな影響を及ぼしている実態を整理している．さらに，長命（2017）では，中国内モンゴルでの貧困対策を事例として取り上げ，大手乳業メーカーが安定的に原乳料を確保するために，個別の酪農家と契約を結び生乳の収入に努める一方で，酪農家には飼料や飼養管理技術などの支援を行う取り組みの実態を明らかにしている．また，多国籍企業の食品企業では，発展途上国などにおいて，生産に係る技術支援を行い，現地において農畜産物の原材料の供給が可能となるシステムを構築し，長期的な視点で利益を獲得しようとする取り組みも行われている．以上より，これらは，⑦農村開発型のク

ラスターであるといえる.

　最後の第8のクラスターは，農業経営が現場で必要とする農業技術を，農業生産者自らが主導し，IT関連企業，農業機械メーカー，大学・研究機関などと連携し，プラットフォームを構築することで研究開発を行うパターンである.例えば，酪農経営と農業機械メーカーとがネットワークを構築し，新たな技術開発を行う事例や，大規模稲作経営，大学，農業機械メーカーなどがクラスターを形成し，農業現場に必要な新技術開発に取り組んだ農匠ナビ1000プロジェクトなどが挙げられる [13].これらのクラスターは従来のトップダウン型の研究開発普及モデルとは異なり，マーケットイン型の農業技術の開発実用モデルといえ，農業生産者が現場で求める技術を開発するために，様々なステークホルダーと現場での実証試験が行われている.例えば，農業機械メーカー，IT企業や大学が開発したプロトタイプの技術や製品を農業生産者に利用してもらい，多種多様なデータの収集が行われる.収集されたデータは研究機関や企業にフィードバックされる.この取り組みを繰り返し，改良を重ねることで新技術や新製品を開発していく.以上のことより，これらのクラスターは，⑧研究開発・実用化型であるといえる.

5. おわりに

　以上，本章では，これまでのクラスターの範疇を超えるクラスター形成が展開されている実態に基づき，クラスターを構成するステークホルダーやプラットフォーム形成の視点からクラスター展開の類型化を行うことを試みた.具体的には，第1に，食料産業クラスターの概念について整理を行った.第2に，クラスター形成に資するステークホルダーの結びつき（ネットワーク）に関して，具体的事例を念頭に置きつつ試論的に類型化を試みた.

　まず，食料産業クラスターの概念を整理するために，地域産業複合体，六次産業化および農商工連携などに着目した先行研究の整理より，伝統的な農業生産・加工事業の枠組みを超えた多様なクラスター形成の展開が図られてきていることを示した.

　次いで，食料産業クラスター形成について，先行研究の整理に基づき，具体的な事例を念頭に置きつつ，試論的に8つの類型化を行った.それらは，①行

政支援型のクラスター，②食品産業主導型のクラスター，③農商工連携型，④六次産業型，⑤畜産基盤強化型クラスター，⑥垂直統合型，⑦農村開発型のクラスター，⑧研究開発・実用化型，である．

　こうした多様なクラスター形成においては，様々な支援策が打ち出されており，それに呼応するかのように，各地で様々なクラスターが形成されている．クラスター形成では，従来の国や自治体のみならず，地域のリーダー的主体が形成した組織や，生産現場において必要とされる技術・研究開発や製品開発などの展開が図られており，ステークホルダーとの関係が多様化していることを示した．特に近年では，グローバル化の進展や ICT などの情報通信技術の発達により，新たなイノベーション創出の可能性が考えられ，これまでのクラスターの範疇を超える広義でのクラスター形成が図られていることを示した．

　次章以降では，これらの類型に基づき，クラスター形成によるイノベーション創出の実態について明らかにしていく．

注

1）農商工等連携関連 2 法とは，「中小企業者と農林漁業者との連携による事業活動の促進に関する法律（農商工等連携促進法，2008 年 7 月 21 日施行）」および「企業立地促進等による地域における産業集積の形成及び活性化に関する法律の一部を改正する法律案（企業立地促進法改正法，2008 年 8 月 22 日施行）」である．

2）小田ら（2014）は，伝統的な意味では，ブドウ栽培とワイン製造，およびそれらの販売やそれらに携わる文化活動などは，古くから南ヨーロッパを中心に取り組まれてきており，この種事業の代表格であると述べている．例えば，わが国においては茶葉生産と製茶加工，梅生産と梅干し加工，馬鈴薯や甜菜生産を中心とした北海道型大規模畑作と澱粉加工，甜菜糖加工など，アグリ・フード産業クラスター事業や六次産業化事業，農商工連携事業とも関連した事業は，多様性と伝統とを持ってそれぞれの地域において取り組まれてきていることを指摘している．

3）地域の諸集団とは，地域社会における技術・経済・社会・行政のいずれかの面と，多かれ少なかれかかわっているはずである，血縁的，地縁的，属性的，機能的な性格をもつ様々な集団，例えば，イエやムラを中心とする

伝統的集団，協同組合，行政機関，企業組織，などの多様な地域活動の担い手，としている．

4) 複合化については，地域農業との結合による複合化，農協主導による地域複合化，第3セクターによる地域振興支援の複合化の3つの形態に分類し，さらに第1形態に関しては，異業種部門，異業種経営の組み合わせによる複合化（垂直的地域複合化）と異業種産業との組み合わせ結合による複合化（連結地域複合化）に分類している．

5)「地域資源を活用した農林漁業者等による新事業の創出等及び地域の農林水産物の利用促進に関する法律」（六次産業化・地産地消法）の前文より引用（農林水産省 2021）．なお，「食料・農業・農村基本計画」（農林水産省 2010）では，「農業者による生産・加工・販売の一体化や，農業と第2次産業，第3次産業の融合等により，農山漁村に由来する農林水産物，バイオマスや農山漁村の風景，そこに住む人の経験・知恵に至るあらゆる「資源」と，食品産業，観光業，IT 産業等の「産業」とを結びつけ，地域ビジネスの展開と新たな業態の創出を促す農業・農村の六次産業化を推進する．これらの取組により，新たな付加価値を地域内で創出し，雇用と所得を確保するとともに，若者や子供も農山漁村に定住できる地域社会を構築する」と記されている．

6) フードバレーとかちに関する研究として，斎藤・金山（2013）が詳しい．

7) 農林水産省（2006）では，コーディネーターとは，「生産者や食品企業を含む異業種の円滑な連携体制を構築，促進するための取りまとめ役で，食料産業クラスター形成の中心的役割を担う人の意」であると記している．また，食料産業クラスター協議会の役割は以下の2つであるとしている．第1に，クラスター形成のための出会いの場の設定であり，生産者，製造業者，販売業者，大学・試験研究機関などが一堂に会する場を設け，異業種連携による物づくり・ブランド作りを支援することであり，第2に，物づくりの事業化，地域ブランドの育成であり，物づくりの事業を発展させ産業化すること，および地域ブランド育成を支援しブランド化を推進することによって，地域産業の活性化を行うことである．

8) 例えば，斎藤（2011）が挙げられる．

9) Original Equipment Manufacturing の略語である．委託側ブランドによる製品

生産委託のことであり，委託側は価格，品質，納期において安定的な製品の調達および設備投資の削減が可能となり，受託側は自社製品の実質的なシェア拡大が得られる（小田ら 2014）.

10) 例えば，小田ら（2014）では，農企業における六次産業化事業の展開パターンを，個別農業経営体からの事業展開（3 類型），農業生産組織体からの事業展開（2 類型），行政・農協などが主導する事業展開（2 類型）に分類している.

11) 例えば，長命（2014）では，ネットワークを「農業経営を担う主体が経営内外，存立する地域内・地域間，他産業や異業種からの様々な情報を収集・分析したうえでの，つながり・連携の形」ととらえ，農業生産者ネットワーク形成による六次産業化の実態を明らかにしている.

12) 畜産におけるインテグレーションに関しては，新山（1998）や斎藤（1999）に詳しい. 本章で例として示した養鶏のインテグレーションは，ブロイラー・産卵鶏の生産・流通に関わるさまざまな部門，すなわち，飼料・医薬品の生産・流通，ブロイラー・産卵鶏の育種・繁殖・飼育，と畜解体処理加工，販売など，川上から川下までの部門を統合した大規模生産・流通システムである（星野ら 2008）.

13) 農匠ナビ 1000 プロジェクトの取り組みについては，南石ら（2016）および南石（2019）に詳しい.

引用文献

石田文雄（2018）「農業地域における地域産業の複合化をめぐる理論研究－『地域産業複合体』論の学術的位置の再考」『大阪経大論集』69（4）: 187-206.

今村奈良臣（1997）「農業の 6 次産業化のすすめ」『公庫月報』45（7）: 2-3.

今村奈良臣（2010）「農業の 6 次産業化の今とこらから」『技術と普及』47 : 2-3.

岡田知弘（1996）「地域産業の発展方向と農業の役割」『農林業問題研究』32（3）: 102-111.

小田滋晃・長命洋佑・川崎訓昭・長谷　祐（2014）「六次産業化を駆動する農企業戦略論研究の課題と展望」『生物資源経済研究』19 : 73-94.

木南莉利（2010）『中国におけるクラスター戦略による農業農村開発』農林統計出版.

経済産業省（2010）「産業クラスター政策について」, https://www.rieti.go.jp/jp/events/bbl/10081301_shibuya.pdf（2021 年 11 月 27 日参照）.

斎藤　修（1996）「地域内発型アグリビジネスの展開条件と戦略」小野誠志編著『国際化時代における日本農業の展開方向』筑波書房.

斎藤　修（1999）『フードシステムの革新と企業行動』農林統計協会.

斎藤　修（2007）『食品産業クラスターと地域ブランド』農文協.

斎藤　修（2010a）「農商工連携をめぐる基本的課題と戦略」『フードシステム研究』17
　　（1）：15-20.
斎藤　修（2010b）「日本における食料産業クラスターと地域ブランド」『フードシステム
　　研究』17（2）：90-96.
斎藤　修（2011）『農商工連携の戦略－連携の深化によるフードシステムの革新－』農文
　　協.
斎藤　修（2012）「6 次産業・農商工連携とフートチェーン」『フードシステム研究』19
　　（2）：100-116.
斎藤　修（2014）「フードシステムのイノベーション－食と農と地域を繋ぐ」『フードシ
　　ステム研究』21（2）：58-69.
斎藤　修・金山紀久編著（2013）『十勝型フードシステムの構築』農林統計出版.
坂本慶一・高山敏弘共編著(1983)『地域農業の革新－淡路島における地域複合体の形成』
　　明文書房.
坂本慶一・高山敏弘・祖田修共編著（1986）『地域産業複合体の展開』明文書房.
高橋　賢（2012）「熊本県における食料産業クラスターの展開」『横浜経営研究』33（1）：
　　71-85.
高橋　賢(2013)「食料産業クラスター政策の問題点」『横浜経営研究』34(2・3)：125-137.
竹中久二雄・白石正彦編著（1985）『地域経済の発展と農協加工－農協加工と地域複合経
　　済化』時潮社.
竹中久二雄・岡部　守・白石正彦編著（1995)『地域産業の振興と経済－農・工・商複合
　　化政策』筑波書房.
長命洋佑（2014）「農企業ネットワークによる六次産業化の形成と課題」『農林業問題研
　　究』50（1）：25-30.
長命洋佑（2017）『酪農経営の変化と食料・環境政策－中国内モンゴル自治区を対象とし
　　て－』養賢堂.
長命洋佑・南石晃明（2019）「食料産業クラスターの可能性－新たな地域ビジネスモデル
　　構築に向けて－」小田滋晃・坂本清彦・川﨑訓昭・横田茂永編著『「農企業」のムー
　　ブメント－地域農業のみらいを拓く－』昭和堂：27-45.
長命洋佑（2019）「畜産クラスター形成による生産拠点創出と競争力強化」『畜産の情報』
　　350：27-41
長命洋佑・南石晃明（2020a）「酪農生産の動向とクラスター展開－中国内モンゴル－」
　　小田滋晃・横田茂永・川崎訓昭編著『地域を支える「農企業」農業経営がつなぐ未
　　来』昭和堂：143-159.
長命洋佑・南石晃明（2020b）「イノベーションを創出する産業クラスター形成に関する
　　一考察」『九州大学大学院農学研究院学芸雑誌』75（2）：63-71.
南石晃明・長命洋佑・松江勇次編著（2016）『TPP 時代の稲作経営革新とスマート農業－
　　営農技術パッケージと ICT 活用－』養賢堂.
南石晃明編著（2019）『稲作スマート農業の実践と次世代経営の展望』養賢堂.
新山陽子（1998）『畜産の企業形態と経営管理』日本経済評論社.
農林水産省（2005）「平成 17 年　食料・農業・農村基本計画」，https://www.maff.go.jp/j/
　　keikaku/k_aratana/pdf/20050325_honbun.pdf（2021 年 12 月 1 日参照）.
農林水産省（2006）「食料産業クラスターについて」，http://www.maff.go.jp/j/study/tisan_
　　tisyo/h18_03/pdf/data7.pdf（2021 年 4 月 27 日参照）.
農林水産省（2010)「食料・農業・農村基本計画」, https://www.maff.go.jp/j/keikaku/k_aratana/
　　pdf/kihon_keikaku_22.pdf（2020 年 12 月 15 日参照）.
農林水産省（2015）「畜産クラスターについて」，https://www.maff.go.jp/j/council/seisaku/
　　tikusan/bukai/h26_12/pdf/ref_data1.pdf（2021 年 10 月 27 日参照）.
農林水産省（2021）「6 次産業化の推進について」，https://www.maff.go.jp/j/shokusan/renkei/
　　6jika/attach/pdf/2015_6jika_jyousei-208.pdf（2021 年 11 月 20 日参照）.

橋本卓爾・大西敏夫・辻　和良・藤田武弘編著（2005）『地域産業複合体の形成と展開』
　　農林統計協会.

星野妙子・清水達也・北野浩一（2008）「養鶏インテグレーションの基礎知識」星野妙子・
　　清水達也・北野浩一・星野妙子編『ラテンアメリカの養鶏インテグレーション』調
　　査研究報告書アジア経済研究所：1-43.

森嶋輝也（2012）『食料産業クラスターのネットワーク構造分析－北海道の大豆関連産業
　　を中心に－』農林統計協会.

森嶋輝也（2013）「食料産業クラスターにおけるネットワーク形成」『フードシステム研
　　究』20（2）：120-130.

森嶋輝也（2014）「食料産業クラスターと地域クラスター」斎藤　修・佐藤和憲編著『フ
　　ードチェーンと地域再生』農林統計出版：163-175.

第3章　行政・食品産業主導による地域ビジネスモデル

1. はじめに

　近年，国際的な潮流として，自由貿易協定（FTA）や経済連携協定（EPA）などの経済のグローバリゼーションの動きが加速している．「日本再興戦略2016」（内閣府 2016）では，攻めの農林水産業の展開と輸出力の強化が提示されている．経済のグローバリゼーションの進展とともに農産物市場の開放が求められるなか，地域農業や食品産業は生き残りをかけて，地元の産業や異業種と連携することで，商品の差別化・高付加価値化を図るとともに，イノベーションを創出させることにより，国際競争力を持つことが迫られている．地域レベルでの戦略として，斎藤（2011）は，農商工だけでなく地域内の産学官も連携した新製品開発・新事業創出による経済波及効果を目指す食料産業クラスターの形成と，また個々の商品名・企業名でなく地域を冠にした地域ブランド化により，ステークホルダーとネットワークを形成することが有効であると指摘している．また，森嶋（2016）は食料産業クラスターに対して，地域資源の共同利用と情報の共有化から，製品開発のみならず地域経済活性化のための競争戦略構築につながることへの期待について述べている．

　このように，農林水産事業者（以下，農業者）や食品加工事業者（以下，食品企業）などが連携し，食料産業クラスター・食品産業クラスターを形成することで，地域の食材・人材・技術などの資源活用による新たな商品開発や事業拡大，販路開拓，地域ブランド創出などに対する期待が高まっている．なお，食料産業クラスターおよび食品産業クラスターの用語・概念に関して，斎藤（2013）は，前者を「農業と食品を統合した概念」とし「食と農の関係性を強くした提携や経済主体の統合化が地域に混在し，地域を単位としてプラットフォームが形成されつつある場合には，食料産業クラスターの概念が有効であろう」と述べており，後者に関しては「食品企業のイノベーションに力点がおかれている」と述べている．さらに，集積やネットワークが強まり，あるいはよりイノベーションを志向すると，クラスターよりもフードバレーの名称が用い

られることを指摘している [1]. 本章においては，これら食料産業クラスター，食品産業クラスター，フードバレーを包括する概念として食料産業クラスターを用いることとする [2].

　これまでの食料産業クラスターに関する研究では，行政機関主導で形成されたクラスター協議会やそこに参画している農業者や食品企業などに焦点を当てた研究が多く，地域におけるクラスターを主導・牽引している農業者や食品企業に焦点を当てた研究蓄積は少ないといえる [3].

　そこで本章では，先進的な取り組みを行っている2つの食料産業クラスターの事例を取り上げ，クラスター形成の背景および取り組み事業の実態を明らかにすることで,将来展望を検討するための基礎的知見を得ることを目的とする. 以下，次節では食料産業クラスター政策の展開の整理を行う. 第3節では，先進的な事例として，フードバレーとかちを取り上げ，事業展開の実態について述べる. 第4節では，後発的な設立であるが，食品企業が協議会を牽引し，商品開発・事業展開を図っている糸島市食品産業クラスターの事例を取り上げ，食品企業を中心とするクラスターの取り組みについて述べる. 最後，第5節では，新たな地域ビジネスモデル構築に関して，コーディネーターの役割とプラットフォーム作りへの展望について検討を行う.

2. 食料産業クラスター政策の展開

　わが国における産業クラスターの展開に関しては，1998年の「新事業創出促進法」の制定を契機として，経済産業省が2001年に「産業クラスター計画」を策定し，国際競争力の強化や地域経済の活性化を目指し，新産業創出に資する中核的支援機関の整備が進められてきた（森嶋 2013）. 2005年には農林水産省により食料産業クラスター形成の支援事業が開始された. その定義について農林水産省（2006）は「コーディネーターが中心となり，地域の食材，人材，技術その他の資源を有効に結びつけ，新たな製品，販路，地域ブランド等を創出することを目的とした集団」とし，「この食料産業クラスターの形成を推進することにより地域の食品産業と農林水産業との連携の促進，ひいては我が国の食料自給率の向上と食料の安定供給を図る」ことを目的として掲げている. また，食料産業クラスターの推進では，国産原材料の有効活用，競争力と付加価値の

ある新たな商品開発および商品販売戦略を駆使して，地域食材をテーマとした
ブランド化への取り組みや新たな市場創出を目指し，食料産業クラスターに関
連する事業を展開することが期待されている（高橋 2013）.

　当初,食料産業クラスターに関する事業は 2009 年度まで継続の予定であった
が，2008 年のいわゆる農商工等連携関連 2 法[4) の成立に合わせて，農商工連携
の促進を通じた地域活性化のための支援策の枠組みの中に組み込まれた．しか
し，農商工連携を全面に押し出すスキームは長続きせず，2010 年度からは「6
次産業創出総合対策」が予算の主要事項となり，その中で今度は「農商工連携
の推進」が，同対策の「地産地消・販路拡大・価値向上」という支援の枠組み
に組み込まれた（森嶋 2013）．この点に関して森嶋（2013：P121）は，「これ
ら『食料産業クラスター』・『農商工連携』・『6 次産業』という 3 つの概念間の
関係は，それぞれ後者が前者を含むという三重の入れ子構造になっている」と
指摘している.

　こうした食料産業クラスター事業に関して，会計検査院（2011）は新商品の
開発などの状況について表 3-1 のような実態を明らかにしている．なお，表 3-1

表 3-1　食農連携事業に関する新商品の開発などの状況

新商品の開発等の状況		新商品の開発等 ：件（%）
新商品の開発等が順調に実施されていなかったもの		106 (61.3)
	開発できなかったものまたは開発したものの製造・販売できなかったもの	54 (31.2)
	事業完了年度の翌年度から 3 年以内に製造・販売を中止していたもの	12 (6.9)
	主要原材料の使用量および新商品の販売額の達成率が 30%未満のもの	40 (23.1)
主要原材料の使用量または新商品の販売額の達成率が 30%以上100%未満のもの		37 (21.4)
主要原材料の使用量または新商品の販売額の達成率が 100%以上のもの		30 (17.3)
	うち主要原材料の使用量または新商品の販売額のいずれかの達成率が 100%以上のもの	21 (12.1)
	うち主要原材料の使用量および新商品の販売額の達成率が100%以上のもの	9 (5.2)
小計		173 (100.0)
平成 21 年度事業のため，事業成果報告書等の提出期限が到来していないもの		34
合計		207

資料：会計検査院（2011）より筆者作成.

に示す実態に関して，会計検査院（2011）では農食連携事業と記しているが，それらは地域食料産業クラスター形成促進事業（平成 17 年・18 年），食料産業クラスター体制強化事業（平成 19 年・20 年），食農連携体制強化事業（平成 21 年）で取り組まれてきた事業の総称である．以下，それらの実態についてみていこう．「新商品の開発などが順調に実施されていなかったもの」は 106 件（61.3%）であり，その内訳は，「開発できなかったもの」，または「開発したものの製造・販売できなかったもの」が 54 件（31.2%），「事業完了年度の翌年度から 3 年以内に製造・販売を中止していたもの」が 12 件（6.9%），「主要な原材料の使用量および新商品の販売額の達成が 30% 未満のもの」が 40 件（23.1%）であった．これらの実態より会計検査院（2011）は，新商品の開発などにおいて，新商品が開発できなかったり，開発したものの製造・販売ができなかったり，製造・販売中止に至ったりなど，新商品の開発などが順調に実施されておらず，地域経済の活性化などに必ずしも寄与していないことを指摘している 5)．すなわち，これらの結果は地域の連携による技術開発の実施，商品化，販売戦略の策定などに取り組むことの困難さを示すとともに，事業設立当初は期待されていたシナジー効果が，地域に根ざした持続可能な事業として十分な成果を上げていないことを意味するものであるといえる．

3. フードバレーとかちにおけるクラスター形成

（1）フードバレーとかち設立の背景

　北海道十勝地域の産業は農業を中心に展開しているが，農業従事者の高齢化によるリタイアや消費人口の減少，国際競争の激化などによる経済のグローバル化など，地域経済を取り巻く環境は目まぐるしく変化してきている．このような環境下において，地域経済・地域社会を活性化するためには，以下に示すような地域産業政策への対応が重要となってきている．本節では，2018 年 5 月に実施したフードバレーとかちの担当部署である帯広市役所産業連携室へのヒアリング調査の結果を基に，フードバレーとかちの現状と新規事業創出に資する人材育成事業の取り組みについて述べていく．

　フードバレーとかちは，帯広市の米沢則寿氏が市長選挙の公約としてフードバレー構想を公約として掲げ，当選したのを契機に 2010 年 4 月より開始した．

経済成長戦略としてフードバレーとかちを提唱し，「農業を成長産業にする」，「食の価値を創出する」，「十勝の魅力を売り込む」という3つの視点を提示している（米沢 2013）．オール十勝でフードバレーを推進するために，2011 年 7月には帯広市を中心として，十勝管内の行政機関，大学・試験機関，農商工団体，金融機関など，41 団体が集結し，地域産業振興の支援や情報共有を行うフードバレーとかち推進協議会が設立された．協議会の事務局・運営は帯広市産業連携室が行っており，実質コーディネーターの役割を担っている（図 3-1）．当協議会は，「フードバレーとかち」の主旨に賛同する企業・農林漁業者・団体などを「フードバレーとかち応援企業」として募集しており，2013 年 2 月の 127企業から 2018 年 8 月末で 411 企業が加入し，3.24 倍へと大幅な拡大を見せてい

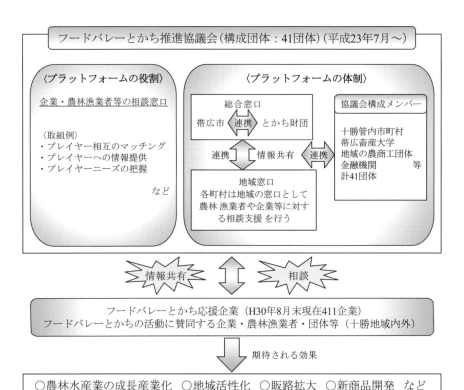

図 3-1　フードバレーとかち推進協議会の概念図
　　　　資料：藤芳雅人（2015）の図を一部修正（フードバレーとかち応援企業の企
　　　　業数をフードバレーとかち推進協議会（2018）に掲載の登録数に変更）．

表 3-2　フードバレーとかちの基本方向

・食や農業に関する産業集積は，比較優位性があり競争力のある分野
・農林漁業と生産・加工・販売等の連携による十勝型フードシステム形成を推進
・十勝の経済成長戦略として推進しアジアの食と農林漁業の集積拠点を目指す
・フードバレーとかちの旗印のもとに，自主・自立の地域経済の確立を目指す

資料：フードバレーとかち推進協議会（2012a, 2012c）より筆者作成.

る[6].

　フードバレーとかち推進協議会では，事業の理念やビジョン・ミッションおよび戦略として「フードバレーとかち推進プラン」（推進プラン）と「フードバレーとかちの施策展開〜戦略プラン〜」（戦略プラン）を策定している．推進プランは，「食と農林漁業を柱とした地域産業施策『フードバレーとかち』をとかち全体でスクラムを組んで進めるための基本方向や展開方策などを示すもの」と明記されている．表 3-2 は，フードバレーとかち推進協議会（2012a, 2012c）において整理された 4 点の基本方向を示したものである．これらの方向には，十勝地域における産業の現状を踏まえ，他産業との連携・ネットワーク構築を推進し，経済拠点形成のための集積効果を目指すとともに，地域経済の自主・自立を促す将来ビジョンが描かれている．

　次いで戦略プランは「フードバレーとかち推進プランの施策の柱立てに基づく施策の取り組みの方向性を示すもの」となっている（フードバレーとかち推進協議会 2012b）．また，「今後，この方向性に沿って，定住自立圏共生ビジョンに盛り込まれた関連事業や市町村が連携した取り組みを展開するとともに，フードバレーとかち推進協議会のプラットフォーム機能を活用し，生産者や企業等と連携しながら，域内・域外との多様な結びつきにより，『フードバレーとかち』を推進」していくと明記されている．具体的には図 3-2 に示すように，展開方向は 3 つの柱である「農林漁業を成長産業にする（基本価値）」，「食の価値を創出する（付加価値）」，「十勝の魅力を売り込む（需要創出）」およびそれにまつわる 19 の施策で構成されており，地域の競争優位性を考慮しながら，十勝型のフードシステムを構築していくことが掲げられている．例えば，連携の取り組みとして，2017 年 6 月 2 日に，フードバレーとかち推進協議会と株式会社明治が乳の価値向上の推進を目的とした包括連携協定を締結した事例が挙げられる．この連携では，お互いの資源を活用し，連携しながらそれぞれの機能を効果的に発揮することにより，乳の価値向上の推進に寄与することを目的と

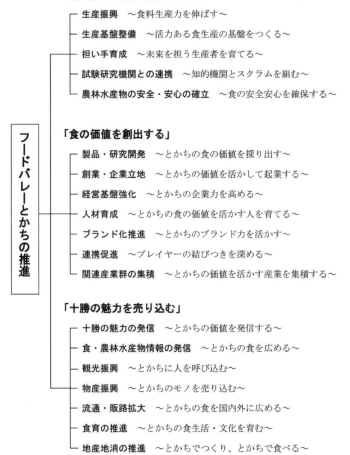

「農林漁業を成長産業にする」
- 生産振興 　〜食料生産力を伸ばす〜
- 生産基盤整備 　〜活力ある食生産の基盤をつくる〜
- 担い手育成 　〜未来を担う生産者を育てる〜
- 試験研究機関との連携 　〜知的機関とスクラムを組む〜
- 農林水産物の安全・安心の確立 　〜食の安全安心を確保する〜

「食の価値を創出する」
- 製品・研究開発 　〜とかちの食の価値を探り出す〜
- 創業・企業立地 　〜とかちの価値を活かして起業する〜
- 経営基盤強化 　〜とかちの企業力を高める〜
- 人材育成 　〜とかちの食の価値を活かす人を育てる〜
- ブランド化推進 　〜とかちのブランド力を活かす〜
- 連携促進 　〜プレイヤーの結びつきを深める〜
- 関連産業群の集積 　〜とかちの価値を活かす産業を集積する〜

「十勝の魅力を売り込む」
- 十勝の魅力の発信 　〜とかちの価値を発信する〜
- 食・農林水産物情報の発信 　〜とかちの食を広める〜
- 観光振興 　〜とかちに人を呼び込む〜
- 物産振興 　〜とかちのモノを売り込む〜
- 流通・販路拡大 　〜とかちの食を国内外に広める〜
- 食育の推進 　〜とかちの食生活・文化を育む〜
- 地産地消の推進 　〜とかちでつくり、とかちで食べる〜

フードバレーとかちの推進

図 3-2　フードバレーとかちの展開方向
　　　　資料：フードバレーとかち推進協議会（2012a）『フードバレーとかち推進プラン』，P17 を転写.

している．連携内容は以下の 4 つである．それらは，1）乳に関する新規健康情報の取得に関すること，2）健康情報発信による乳の普及に関すること，3）十勝産生乳を活用した地域産業の振興に関すること，4）その他相互の協議により決定した事項に関することである．十勝には明治の工場が 3 つあるが，本協定により両者が日常的に交流し，共同研究，互いの施設の利用，資源の提供などが行われるとともに，乳に関する革新的な技術，情報，商品が生まれることに

よって，十勝の産業振興，健康な食生活の実現が一層進むことが期待されている．

（2）フードバレーとかちの取り組み事業

　以下では，フードバレーとかちの取り組みにおいて，様々な事業展開・成果実績がある中で，十勝の地域産業の活力向上に資する取り組みについて，特に，製造・販売のプロセス事業に関する人材育成事業の取り組みについて述べていこう．

　フードバレーとかち推進協議会では，事業関係者のための勉強会・講演会・セミナーなどを実施している．また，人材育成などの取り組みでは，「フードバレーとかち人材育成事業」，「十勝人チャレンジ支援事業」や「とかち・イノベーション・プログラム」を支援している．これらの取り組みでは，以下に示す事業展開が成果として現れてきている．

　まず，「フードバレーとかち人材育成事業」では，2012 年より地域の経済発展に向けてリーダーシップを発揮できる人材の育成を目的とし，帯広市と帯広畜産大学が共同で事業を手がけている．この事業では，食・農畜産業分野での新製品開発や販路拡大などについて実践的な講義や実習を実施している．こうした事業を通して資格取得などの支援もしており，例えば，HACCP 認証の取得支援では，2010 年は 4 件の取得施設数であったが，2016 年には 21 件となるなど，確実に成果を上げている．

　次いで，「十勝人チャレンジ支援事業」では，主に 20 代から 40 代で十勝管内に居住している者を対象に，資金提供（100 万円）を行っている．具体的には，国内外問わず，各自が興味ある地域で調査や研究を実施し，そこから得た経験に基づく新たな事業展開の模索・実施に対して支援を行っている．こうした新たなチャレンジへの支援が最終的には新事業へと発展している．一例を挙げると，全国で販売されている電子レンジ専用十勝ポップコーンの商品開発・生産・販売への支援が行われ，北海道知事賞を受賞している．2013 年から 2016 年までの間に，計 27 組 31 人が調査研究を実施しており，十勝を牽引する産業人の育成・支援が図られている．

　最後に「とかち・イノベーション・プログラム」では，事業創出のための仕組みづくりとして，十勝の事業者や起業予定者と全国の革新的経営者との交流

により，新たな事業の創出が図られている．その背景には，十勝に根を張る人材が主役であるが，同質のムラ社会からはイノベーションは起こらないことや，イノベーションを起こすためには，外の血を使ってかき混ぜる混血型の事業創発が必要であるとの考えがある（米沢 2015）．本プログラムは 2015 年に開始し，2017 年の第 3 期までに 204 名の参加者（登録数），28 件の事業構想を発表し，2018 年 5 月現在で 7 つの事業が会社設立に至っている．

　その他にも，地域の枠を超えた取り組みとして，フードバレーを推進している静岡県富士宮市や熊本県八代市との交流を行い，共同でマルシェを開催するなどの PR 活動を行っている．今後，国内の食料消費が減少する中，世界に目を向けると人口増加による食料消費の増加が予想される．そのため，フードバレーとかちでは，農業関連事業や他産業への支援を行っていくことも視野に入れている．例えば，農業を支えるエネルギーやバイオガス事業への参入，飼料・肥料などの農業生産資材の生産・販売，製造業への展開など，農業と関連産業を組み合わせた複合化による多様なビジネスモデルを構築し，世界，特にアジア市場を見据えたオール十勝での展開を模索している．

　以上のように，フードバレーとかちでは，地域特性や優位性などの強みを活かし，農業・関連産業を中心に，十勝全体がスクラムを組み共通の戦略構築と合意形成を図り，産業間連携の強化に努めていた．またフードバレーとかちでは，コーディネーターを担っている協議会を中心としながら，それぞれの取り組みが単発の事業ではなく，地域に根ざしたビジネスとして展開している．

4. 糸島市食品産業クラスターにおけるクラスター形成

（1）糸島市食品産業クラスター協議会設立の背景

　糸島市食品産業クラスター協議会発足の社会的背景として，これまでの糸島産業の動向は，個人事業者や中小企業が単体で，ものづくりや販促活動，宣伝活動を行っていたが，個々の事業者の自助努力では糸島に潜在している多様な地域資源を利活用するには限界があった．そうした時，全国各地から糸島の魅力に惹かれて移住した住民が増加し，いわゆる「糸島ブーム」が生まれた．福岡市からの良好なアクセスや様々な立地スポットが話題となり，年間の観光客は 2000 年の 260 万人から 2014 年には 580 万人へと倍増（糸島市企画部企画秘

書課 2016）し，地元の飲食店や観光スポットの集客数・売上は大幅に増加した．しかし，今後の発展を考えると糸島ブームだけでは将来の先細りを感じており，持続的な糸島発展のためには，日本国内への事業展開のみならず，海外を視野に入れた展開が必要であることを地元企業者達は意識レベルで認識していた．これまでのように個々の自助努力では限界があることから，個の力を十分に発揮できる組織，産・官・学が連携した組織作り，活動が必要であった．

　そこで設立されたのが，糸島市食品産業クラスター協議会である．協議会では，食品産業事業者が交流し，企業間や地域との連携・経済の活性化をするために，以下の3つの目的を掲げている（糸島市産業振興部 2018a）．それらは，1）会員の交流の機会を提供し，信頼関係を築き共通の目的を見出すことにより，会員の知識や技術の向上を図り，市の食品産業の発展に寄与すること，2）会員のビジネススキルの向上及びビジネスの革新を図り，需要と供給の一致を探り，会員相互又は会員以外との連携を創造すること，3）協議会活動の推進を図り，糸島市域の情報発信の中心となることを目標とし，地域社会の経済活性化に寄与すること，である．このように協議会の設置では，糸島の発展が各企業の発展との想いが込められており，地場産業が盛り上がることにより，雇用が促進され，持続的な地域活性化へと結びつくことが期待されている．

（2）糸島市食品産業クラスターの取り組み事業

　糸島市食品産業クラスター協議会の設立は2016年5月とまだ新しい．入会資格は，以下のいずれかに該当する団体・企業である（糸島市産業振興部 2018b）．それらは，1）市内で食品を製造・加工する事業者，2）市内で農林水産業を営む生産者，3）市内に事業所を有し，食品を流通・販売する事業者，である．設立当初の会員数は27社であったが，加入希望は増加し，2017年8月末で36社となっている．現在の協議会会長は，明太子などの製造・販売を行っている食品企業の株式会社やますえの社長が就任しており，食品企業や農業者とのつながりを意識したボトムアップ型の組織運営となっている．本節では，2017年8月および9月に実施した糸島市食品産業クラスター協議会会長へのヒアリング調査の結果を基に，当該クラスター協議会の現状と新規事業創出に資する様々な取り組みについて述べていこう．

　図3-3は，糸島市食品産業クラスター協議会（以下，食品産業クラスターと

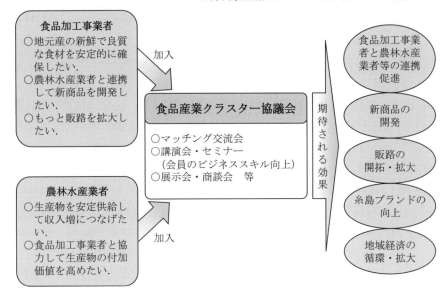

図 3-3　糸島市食品産業クラスター協議会のイメージ図
注：聞き取り調査をもとに筆者作成.

記す）の取り組みイメージを図示したものである．食品加工事業者としては，「地元産の新鮮で良質な食材を安定的に確保したい」，「農業者と連携して新商品を開発したい」，「販路を拡大したい」などのニーズがあり，農業者では，「生産物を安定供給し，収入増につなげたい」，「食品企業と協力して，生産物の付加価値を高めたい」などが潜在的なニーズとして存在していた．食品産業クラスターでは，こうしたニーズに対して，会員同士の交流の場であるマッチング交流会や会員のビジネススキル向上を図るための講演会・セミナーの開催，展示会や商談会の開催などを実施している．このように食品企業と農業者，流通・販売業者などの連携を図ることで，地域食材・人材・技術などの資源を有効に結びつけ，新商品開発や販路開拓・拡大，新たな糸島ブランドの創出を図り，地域経済が循環・拡大していく事業を展開している．

　以下では，食品産業クラスターにおける 3 つの主要な取り組み事業について述べていく．まず，食品安心安全講習である．消費者の食品に対する安全意識が高まる一方で，食品表示の偽装や食品衛生に関する問題が毎年のように世間を賑わすようになってきている．そのため，食品の安全性や消費者への信頼性

向上を図っていくことが食品を取り扱う事業者に求められている．しかしながら，公益法人が主催する食品講習などの受講料は高額なため，一企業や商店での参加は困難な状況である．そのため，食品産業クラスターが主体となり，年に3，4回のペースで独自の講習会・セミナーを開催している．

　次いで，新商品開発である．糸島の食材や資源を利用し，会員同士や高校生とのコラボレーションにより，様々な商品開発を行っている．例えば，「ふともずくプロジェクト」では，食品産業クラスターとJF糸島（糸島漁業協同組合）との間で糸島産ふともずく[7]の商品開発を開始した．その後，博多女子高等学校がマーケティングを，民間事業者（アジアン・マーケット）がプロモーションを行い，糸島市を含めたプロジェクトへと展開していった．プロジェクトスタート後，売上高は1年半で約6倍，初年度は約3,000個の販売数が約2万1,000個へと約7倍に拡大した．こうした事業プラン取り組みが評価され，「地方創生☆政策アイデアコンテスト　2016」において，最優秀賞『地方創生担当大臣賞』を受賞するなど数々の賞を受賞している．現在は，糸島市食品産業クラスター協議会と博多女子高等学校との第2弾コラボ商品（「だしスープっ鯛！」）の販売が開始されている．

　最後に，糸島ブランドの販路開拓である．糸島の食材を利用した食品や商品の物産展などの開催や百貨店や量販店への販売提案（例えば，百貨店でのふるさとグルメフェアに出展など）を行うなど，様々な取り組みを行っている．食品産業クラスター内で開発されたコラボ商品の販路開拓を例に挙げると，東京の大手百貨店への販売提案がある．一般的に，地方の自社製品を大手百貨店に置いてもらうことは交渉自体困難であるが，クラスターとして商談会を実施すれば，大手百貨店に自社商品を展示・販売してもらえる可能性が広がる．一方，百貨店としてはオリジナリティのある様々な糸島ブランドの商品を展示することで集客力の向上につながる．また，コラボ商品を広報誌やチラシに掲載してもらうことで糸島の食品・食材を世の中にアピールすることができる．結果として，糸島の企業は自社製品を大都市にアピールすることができ，百貨店においても物産展などのイベント時に新規性のある商品の陳列による集客が望める．さらに食品クラスターにおいては，糸島ブランドをアピールする場となるため，三方にとってメリットのあるものとなる．

　以上のように，食品産業クラスターが設立されたことで，百貨店や量販店へ

の販売提案・イベント開催，協議会会員の連携による新しい商品開発・商品化など，これまでの個人対応では見られなかった成果が生まれ始めている．今後は，糸島産物の地域内外への展開を図るため，地域外に向けては百貨店や量販店への販売提案の強化を，地域内に向けては，地産地消の推進や地元学校給食の自給率向上を図っていくことで地域活性化の推進を目指している．さらには，地元地域での取り組みの枠を超えて，国内への展開のみならず，アジア市場を中心とした海外展開を図ることも視野に入れた活動の展開を図っている．

5.　おわりに

　本章では，先進的な事例としてのフードバレーとかち（第3節）および後発的な事例としての糸島市食品産業クラスター（第4節）を取り上げ，広義の食料産業クラスターの展開について検討してきた．本節では，将来展望も含めた新たな地域ビジネスモデル構築の可能性，特にコーディネーターの役割とプラットフォーム形成への展望について述べる．

　食料産業クラスターが持続的に展開していくには，参加する農業者や食品企業（プレーヤー）と支援する協議会や協賛企業など（フォロワー）の連携関係の把握（ポジショニング）が重要である．具体的には，「誰のための組織（協議会）であり，誰が組織をコーディネートするのか」といった基本的かつ根本的な問題について改めて確認することが重要であるといえる．

　食料産業クラスターや農商工連携，六次産業などの事業が開始した当初，行政は加工場や集荷場などのハード面への支援に注力し，コーディネーターは行政関係機関で組織・運営され，行政主導のトップダウン的な色合いが強かった．しかし，会計検査院（2011）の分析結果で示されているように，実際の事業実施においては，現場の実需者にとっての成果と結びついているとはいえない実態があった．これまでの状況を鑑みると，農業者および企業を組織・支援するにあたっては，ハード面でなくソフト面での組織運営・支援が重要であるといえる．このことは換言すると，組織運営と他の会員（メンバー）とを結びつけるためのコーディネーターの役割が重要であることを意味している．今後は，農業者や食品企業など，現場の実需者がクラスターを主導・牽引していくことが重要であるといえ，行政機関はそのサポート役に回るべきであろう．

　本章で示したように，フードバレーとかちは帯広市産業連携室が協議会の事務局となり，組織を運営しており，様々な人材育成・新商品開発のために，イベントを開催するなどの支援を行っていた.また糸島市食品産業クラスターは，糸島市産業振興部が事務局を担っており，食品企業や農業者が連携し主導・牽引することで糸島の農産品や食品を広くアピールしていきたいと考えていた.これらの事例より，組織運営の方向としては，より現場に近い人々が関わり合いを持って，ボトムアップ型のクラスターを形成し，取り組みを図っていくことが重要であると考える.このことは換言すると，個々の農業者や食品企業における「点」的な事業展開・行政支援ではなく，地域をあげての「面」的な展開・支援を図っていくことの重要性を示唆するものといえる.

　また同時に，いかに地域の課題や将来展開を認識しつつ，5年先，10年先を見据えた戦略が実行可能となるプラットフォームを構築していくことが重要であるといえる.例えば，フードバレーとかちでは，帯広市，大学，食品企業，農協と農業者がプレーヤーとなり，連携可能なプラットフォームを形成している.そのなかでは，大学が有している知的資材の共有（十勝農業に寄与する作物の品種改良や育種改良）や新たな支援事業（例えば，資格支援事業）などが行われている.他方，糸島市食品産業クラスターにおいては，会員自らの動きにより，セミナー開催やコラボ商品開発などの事業を実施している.これらの事例でみられるように，様々な機関・組織が有しているシーズと現場の人々のニーズとの組み合わせが今後ますます重要になってくるといえる.

　最後に，食料産業クラスターの今後の展望として，これまでは地域内でのネットワーク形成や事業連携・展開が図られてきたが，今後は，アジア市場や世界市場を見据えた，多様なビジネス展開への動きが顕在化しつつある.本章で取り上げた2つの事例も国内展開のみならず，アジア市場を中心とした海外展開も視野に入れていることから，食料産業クラスターの展開は，様々な形態を変えながらも次なるステージに突入しつつあるといえる.

注

1)　「フードバレー」という言葉は，アメリカのコンピューター産業の集積地帯を「シリコンバレー」と名付けたことに由来しており，食産業の集積が進んでいる地域の呼称として使われている（金山 2013）.

2）なお，本章では組織や協議会などの名称に関しては，実際の名称を用いている．

3）例えば，小田ら（2008）は，地域産業クラスターの視点から農工間連携としての農産物生産・加工事業に焦点を当て，地域性を考慮した農産物生産過程との関連性や関連主体間連携を重視しつつアグリ・フードシステム（農業経営も含め農業及び農業関連　ビジネスを総称）の類型化を行っている．

4）農商工等連携関連2法とは，「中小企業者と農林漁業者との連携による事　業活動の促進に関する法律（農商工等連携促進法，2008年7月21日施行）」および「企業立地促進等による地域における産業集積の形成及び活性化に関する法律の一部を改正する法律案（企業立地促進法改正法，2008年8月22日施行）」である．

5）食料産業クラスター以降に実施された農商工連携や六次産業化事業に関しても会計検査院は同様の指摘をしている．詳細は会計検査院（2014）を参照のこと．

6）なお，2021年9月末には448企業に増加している．

7）福岡県糸島市の地元漁師4名が糸島市芥屋の海で育てているもずくであり，他産地のもずくよりも太いのが特徴である．

引用文献

糸島市企画部企画秘書課（2016）「平成28年版　糸島市統計白書」，http://www.city.itoshima.lg.jp/s005/010/050/010/050/zentai.pdf（2020年8月15日参照）．
糸島市産業振興部商業観光課（2018a）「糸島市食品産業クラスター協会会員募集のお知らせ」，https://www.city.itoshima.lg.jp/s026/020/010/090/010/20180531114757.html（2021年10月9日参照）．
糸島市産業振興部商業観光課（2018b）「協議会規約」，https://www.city.itoshima.lg.jp/s026/020/010/090/010/24416_55511_misc.pdf（2021年11月9日参照）．
小田滋晃・伊庭治彦・香川文庸（2008）「アグリ・フードビジネスとツーリズム・テロワール「新ネットワーク」論に基づく地域産業クラスター研究の今日的課題」『生物資源経済研究』13：89-110．
会計検査院（2011）「食農連携事業による新商品の開発等について（平成23年10月19日付け　農林水産大臣宛て）」，http://report.jbaudit.go.jp/org/h22/2010-h22-0391-0.htm（2020年9月27日参照）
会計検査院（2014）「農山漁村6次産業化対策事業等における事業効果等について（平成26年10月24日付け　農林水産大臣宛て）」，http://report.jbaudit.go.jp/org/h25/2013-h25-0458-0.htm（2020年9月27日参照）
金山紀久（2013）「十勝型フードシステム「フードバレーとかち」を考える」斎藤　修・

金山紀久編著『十勝型フードシステムの構築』農林統計協会：23-38.

斎藤　修（2011）『農商工連携の戦略－連携の深化によるフードシステムの革新－』農文協.

斎藤　修（2013）「6次産業・食料産業クラスターとフードシステム」斎藤　修・金山紀久編著『十勝型フードシステムの構築』農林統計協会：1-21.

高橋　賢（2013）「食料産業クラスター政策の問題点」『横浜経営研究』34（2・3）：125-137.

内閣府（2016）「日本再興戦略2016－第4次産業革命に向けて－」, https://www.kantei.go.jp/jp/singi/keizaisaisei/pdf/2016_zentaihombun.pdf（2018年10月25日参照）.

農林水産省（2006）「食料産業クラスターについて」, http://www.maff.go.jp/j/study/tisan_tisyo/h18_03/pdf/data7.pdf（2018年8月27日参照）.

藤芳雅人（2015）「フードバレーとかちで取り組む魅力ある地域づくり」『NETT』No.89：52-55.

フードバレーとかち推進協議会（2012a）「フードバレーとかち推進プラン」, https://www.city.obihiro.hokkaido.jp/sangyourenkeishitsu/b00foodvalley-suishinplan.data/120417suishin-plan.pdf（2020年10月24日参照）.

フードバレーとかち推進協議会（2012b）「フードバレーとかちの施策展開～戦略プラン～」, https://www.city.obihiro.hokkaido.jp/sangyourenkeishitsu/b00foodvalley-suishinplan.data/120417senryaku-plan.pdf（2020年10月24日参照）.

フードバレーとかち推進協議会（2012c）「フードバレーとかちの施策展開～戦略プラン～（概要版）」, https://www.city.obihiro.hokkaido.jp/sangyourenkeishitsu/b00foodvalley-suishinplan.data/120417senryaku-gaiyou.pdf（2020年11月24日参照）.

フードバレーとかち推進協議会（2018）「フードバレーとかち応援企業の紹介」, http://www.foodvalley-tokachi.com/?page_id=20（2020年11月25日参照）.

森嶋輝也（2013）「食料産業クラスターにおけるネットワーク形成」『フードシステム研究』20（2）：120-130.

森嶋輝也（2016）「地域ブランドを核とした食料産業クラスターの形成－長野県「市田柿」のネットワークを事例に－」斎藤　修監修・佐藤和憲編集『フードシステム革新のニューウェーブ』日本経済評論社：301-315.

米沢則寿（2013）「帯広市長挨拶」斎藤　修・金山紀久編著『十勝型フードシステムの構築』農林統計協会：v.

米沢則寿（2015）「とかち・イノベーション・プログラム－十勝Outdoor Valley DMO設立に向けた動き－」, https://www.kantei.go.jp/jp/singi/sousei/meeting/chiiki_shigoto/h27-12-08-siryou4-1-2-1.pdf（2020年11月25日参照）.

第 4 章　農商工連携・六次産業化事業におけるクラスター形成の新たな展開

1. はじめに

　わが国の地域経済は，地域産業の停滞，雇用・就業機会の減少，高齢化の進展などにより，「都市と地域の格差」が顕在化し，その格差が拡大している（細川 2009）．そして，農山村や地方都市をはじめとする各地の地域は疲弊しており，旧来の産業別振興方策によってはその克服が困難な状況となってきている（金井 2009）．また，農業分野においても，農業生産者の著しい高齢化および後継者不足，食のグローバル化の進展と国内農産物価格の長期的な低迷，異常気象や野生鳥獣の頻発による農業生産者の生産意欲の低下，さらに，不耕作・遊休農地の拡大，など多くの問題を抱えており，農業生産および農業経営を取り巻く環境は厳しさを増している（小田ら 2013）．

　そうした中，低迷する地域経済，農業・農山村の活性化方策の 1 つとして，農商工連携および六次産業化に注目が集まっている．これらの方策では，農林漁業と商工業などの有機的連携により，豊富な地域資源を活用した商品開発や販路開拓を通じて地域経済を牽引し，新たな産業ならびに雇用・就業機会を創出することで，地域活性化の推進が試みられている．両方策は，類似もしくは重なっている部分が多くあるが，おおむね，前者は IT 企業などを含めた商工業者が主体性をもって農業生産者と連携し，原料調達から加工，販売まで，あるいはシステム開発などを担い，後者は農業生産側が主体性を持って加工から販売までを担っていくというものである．これらの方策は，どちらも農業を中心としつつ地域の関連主体が連携することによって新たな絆を形成し，これを頼りとした農林水産物の付加価値の創出を目指すことで地域内の雇用や所得を確保することにより，地域経済の活性化を推進しようとするものである（小田 2012）．

　そうした中，畜産においては，適切な飼養・衛生管理，飼料設計による飼養管理により，食肉市場や量販店，焼肉店などとの直接取引・ネットワーク形成

による販路開拓の拡大に資するクラスター形成が図られている．例えば，肉用牛肥育経営においては，牛の一頭買いを行う焼肉店とのネットワーク構築により，新たなブランドイメージ戦略を図る展開が見られるようになってきている．また養豚経営や養鶏経営においては，生産から流通・販売，すなわち川上から川下までの部分の統合，インテグレーションが進展している[1]．そうした動きの背後には，畜産経営では，経営内外において生じる様々なリスクへの対応が経営の存続に不可避となっていることが挙げられる．例えば，2001年に発生したBSE事件，2010年に発生した口蹄疫，中国産食料加工品の偽装・毒物混入事件などの発生により，畜産物に対する食品リスクは消費者の大きな関心ごととなっている．また，海外からの輸入飼料依存による土地利用と乖離した施設型畜産においては，飼料価格高騰などの市場リスクや環境汚染などの環境リスクへの懸念が高まるとともに，家畜生産を取り巻く地域社会との関係がますます重要となってきている．

　そこで本章では，農商工連携および六次産業化事業に取り組んでいる畜産経営を事例として取り上げ，経営革新と新たなクラスター形成の実態について検討していくこととする．

　以下，次節では統計資料などを用いて，農商工連携と六次産業化の現状について概観する．第3節では，農商工連携の事例として，肉用牛の繁殖・肥育一貫生産と焼肉店との農商工連携の取り組み実態を明らかにする．第4節では，六次産業化事業の事例として，養豚経営を取り上げ，当該経営が展開する加工・製造事業および販売事業の実態について見ていく．そして最後に第5節では，本章のまとめとして農商工連携および六次産業化におけるクラスター形成への期待と課題について整理を行う．

2.　農商工連携と六次産業化の概要

　本節では，統計資料などを用いて，次節以降に示す農商工連携および六次産業化事業の概要について述べていく．なお，最新の概要に関しては，補論を参照いただきたい．

（1）農商工連携の概要

　2007 年 11 月末，農商工連携の取組みが農林水産省・経済産業省の共同施策として公表された．農商工連携は「農商工連携促進等による地域経済活性化のための取組」と題して公表され，地域経済の活性化を目的に農林水産業者と商工業などの中小企業者が連携する事業を農林水産省および経済産業省が横断的に支援するというのが基本的枠組みである．

　その後，政府は，「中小企業者と農林漁業者との連携による事業活動の促進に関する法律（農商工等連携促進法，2008 年 7 月 21 日施行）」および「企業立地促進等による地域における産業集積の形成及び活性化に関する法律の一部を改正する法律案（企業立地促進法改正法，2008 年 8 月 22 日施行）」のいわゆる農商工等連携関連 2 法を制定した．この法律は「農商工連携」に取り組もうとする中小企業者及び農林漁業者の共同による事業計画を国が認定し，認定された計画に基づいて事業者を各種の支援策によりサポートするものである．

　認定にあたっては両者がこれまでに開発，生産したことのない新たな商品・サービスであることや，市場での需要が見込まれることによる両者の経営改善などが基本的な要件となっている．農商工連携事業として認定を受けるには，①中小企業者と農業者がそれぞれの経営資源，ノウハウなどを持ち寄り明確な役割分担を持つ連携体を構成する，②新商品・サービスの開発などを行うこと，③5 年以内の計画策定，④中小企業者，農業者双方の経営改善の実現（それぞれの売上高，付加価値が 5 年間で 5%以上向上）が主な要件となっている（室屋 2008）．すなわち，農商工連携においては，中小企業者と農林水産業者の両者が単なる商取引関係にあるだけではなく，両者が主体的に事業に参画し，お互いの得意分野における経営資源を持ち寄り，工夫を凝らした新事業を計画していかなければならない．また，それぞれが独立した動きをするのではなく，企画の段階から情報や知識の共有・蓄積を図っていくことが重要である．これら農業者を含む複数の関連主体（パートナー）との関係をバリューチェーンの視点から模式化したのが図 4-1 である．

　表 4-1 は，2015 年 7 月 6 日時点における地域別の認定計画数および分野別の内訳を示したものである．第 1 回認定（2008 年 9 月 19 日）において 65 件の事業計画が認定を受けて以来，累計 659 件の事業計画が認定を受けている．地域別でみると，首都圏に近い関東地域での認定数が 140 件と最も多い．次いで，中国四国（99 件），東海（87 件）と続いている．特に，中国四国において水産

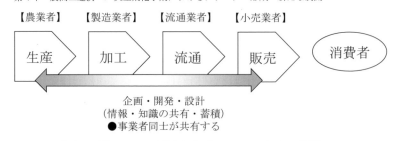

図 4-1　農商工連携における関連主体（パートナー）との関係
　　　　資料：筆者作成.

表 4-1　農商工連携における地域別の認定状況

地域	総合化事業計画の認定件数	うち農畜産物関係	うち林産物関係	うち水産物関係
北海道	49	38	4	7
東北	62	53	1	8
関東	140	117	5	18
北陸	53	40	5	8
東海	87	72	5	10
近畿	77	68	3	6
中国四国	99	68	7	24
九州	72	57	6	9
沖縄	20	13	1	6
合計	659	526	37	96

資料：農林水産省（2015a）『農商工連携の推進に向けた施策』より筆者作成.
注：合計 659 件のうち，農林漁業者が主体となっている取り組みは 43 件（7%）
　　である.

物分野での認定数が多いことが特徴となっている．認定事業分野の内訳をみる
と，農業分野が最多の 526 件（全体の約 79.8%）となっている．次いで漁業分
野が 96 件（全体の約 14.6%），林業分野は最少の 37 件（全体の 5.6%）となっ
ている．だだし，659 件のうち，農林漁業者が主体となっている取り組みはわ
ずか 47 件（7%）しかない．また，図 4-2 は，事業計画で活用されている農林
水産資源の内訳を図示したものである．内訳をみると，野菜が最も多く 30.6%
を占めている．次いで，水産物（14.4%），畜産物（11.8%）と続いている．
　　認定事業類型の内訳をみると，「新規用途開拓による地域農林水産物の需要拡
大，ブランド向上」を目的とした取り組みが 307 件と全体の半数近くを占めて

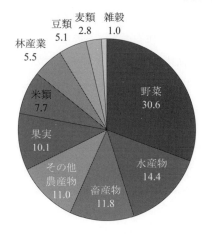

図 4-2　農商工連携における事業計画で活用される
　　　　農林水産資源
　　　　資料：農林水産省（2015a）『農商工連携の
　　　　推進に向けた施策』より筆者作成.

表 4-2　農商工連携における認定事業の類型（件）

	計
①規格外や低未利用品の有効活用	107
②生産履歴の明確化や減農薬栽培等による付加価値向上	49
③新たな作目や品種の特徴を活かした需要拡大	144
④新規用途開拓による地域農林水産物の需要拡大，ブランド向上	307
⑤IT などの新技術を活用した生産や販売の実現	30
⑥観光とのタイアップによる販路の拡大	14
⑦海外への輸出による販路の拡大	8
合計	659

資料：農林水産省（2015a）『農商工連携の推進に向けた施策』より筆者作成.

いる（表 4-2）．これまでのところ，新商品開発による新たな需要拡大，ブラン
ド化を図ることで地域の農林水産物の資源供給量の増大への展開が図られてき
たといえる．その一方で，「観光とのタイアップによる販路拡大」や「海外への
輸出による販路の拡大」に関する事業は，ハードルが高い状況にある．

　以上，農商工連携に関する事業計画の認定状況を概観してみると，地域，農
林水産資源，認定事業に関して，特定の地域や分野・領域に差異がみられるこ
とがわかる．今後は，これまでに認定を受けていない，未成熟な分野・領域に
おいて，新たな事業展開を図っていくことが重要である．例えば，「特に IT 等

の新技術を活用した生産や販売の実現」に関しては，現時点では，30件と認定数は少ないものの実用化に至る研究の蓄積が近年増加している．また，農業経営者のおいても ICT への期待が高いことも明らかになっているため（例えば，南石 2014），今後の実用化に向けた取り組みが期待される．

（2）6次産業化の概要

　六次産業化は，2011年3月に「地域資源を活用した農林漁業者等による新事業の創出等及び地域の農林水産物の利用促進に関する法律」によって施行された．「平成23年度食料・農業・農村白書」（農林水産省 2012）では六次産業化を「農産物の生産，販売や生産コストの低減のみならず，農山漁村に由来する様々な地域資源を活かしつつ，第一次産業，第二次産業及び第三次産業を総合的かつ一体的に融合させた事業展開を図ることが求められている．また，このような農業の六次産業化を通じた所得の増大を図るため，基本計画においては，「食生活の変化や地域の実情，品目ごとの特性を踏まえ，農産物の品質向上，加工や直接販売等による付加価値の向上やブランド化の推進等による販売価格の向上を図る」としている．

　六次産業化の目的は，これまで農業では大半がその生産の部分しか担ってこなかったが，加工や販売・サービスなどの第二次，第三次産業も含めて，経営の多角化を図り，加工や流通にかかるマージンなど，これまで第二次・第三次産業の事業者が得ていた付加価値を，農業者自身が得ることで，農業および農山村を活性化させようというものである（小田ら 2014）．

　また，六次産業化事業の認定を受けることは農業経営者にとって，農業改良資金の優遇措置，加工・直売施設の設置にかかる農地転用手続きの簡素化，指定野菜のリレー出荷による契約販売に対する交付金交付の特例の支援措置を受けることなど，さまざまなメリットがある．

　これら農業者を含む複数の関連主体（ビジネスパートナー）との関係をバリューチェーンの視点から模式化したのが図4-3である．六次産業化では，これまで蓄積してきた様々な資源を活用しながら，他の産業に参入・移行していくことが必要不可欠である，そのためには，事業体内の各組織が有機的な連携を図り，1つの事業体で全ての機能を担うことが可能となる戦略の策定や組織づくりを行っていくことが重要となる．

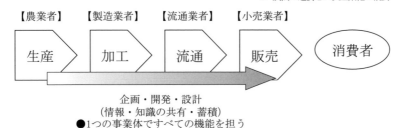

図 4-3　六次産業化における関連主体（パートナー）との関係
　　　　資料：筆者作成.

表 4-3　六次産業化事業における地域別の認定件数

地域	総合化事業計画の認定件数	うち農畜産物関係	うち林産物関係	うち水産物関係	研究開発・成果利用事業計画の認定件数
北海道	121	113	4	4	1
東北	328	298	11	19	4
関東	349	317	14	18	12
北陸	106	101	1	4	1
東海	182	155	15	12	0
近畿	363	332	11	20	2
中国四国	241	190	11	40	3
九州	365	299	26	40	3
沖縄	54	50	1	3	0
合計	2,109	1,855	94	160	26

資料：農林水産省（2015b）『6 次産業化をめぐる情勢について』より筆者作成.

　六次産業化事業の認定は，2015 年 9 月 18 日時点で 2,109 件の事業が認定を受けている．地域別の認定件数を示したのが表 4-3 である．その内訳をみると，最も多いのが九州（365 件）であり，次いで近畿（363 件），関東（349 件），東北（328 件）となっている．単独の県単位では北海道が 121 件と最も多い．また，認定分野としては，農畜産物関係が 1,855 件とおよそ 9 割近くを占めている．

　次いで，六次産業化事業の認定事業内容の割合を示したのが表 4-4 である．その特徴をみると，認定内容の多くが，加工事業を展開していることがわかる．ただし，加工事業単独の割合は 20.0% と少なく，直売やレストランなど，いくつかの事業を組み合わせ複合的に展開しているケースが多い．また，表には示していないが，取り扱っている商品としては，ドレッシング，ジュース，ジャ

表 4-4　六次産業化事業の事業内容の割合(%)

加工	20.0
直売	2.6
輸出	0.4
レストラン	0.1
加工・直売	68.8
加工・直売・レストラン	6.5
加工・直売・輸出	1.6

資料：農林水産省（2015b）『6次産業化をめぐ
る情勢について』より筆者作成.

ムなどの加工製品が多い．それらの販売場所としては，自社の販売所，直売所，
観光施設などが考えられる．その一方で，「攻めの農業」として政府が力を入れ
ている輸出に関しては，輸出のみの割合が 0.4%，加工・直売・輸出の割合が
1.6%とともに低い値となっている．現時点では，生産現場サイドとしても試行
錯誤の段階であるといえる．しかし近年では，生産者グループと商社などが一
緒に海外視察を行う動きが加速しており，今後の展開が期待される．

　図 4-4 は，六次産業化事業の認定対象農林水産物の割合を示したものである．
最も多いのは野菜であり 31.8%を占めている．次いで，果樹(18.4%)，米(11.8%)，
畜産物（11.5%）の品目割合が高くなっている．表 4-4 の結果に照らし合わせ
てみると，割合の高かった野菜や果樹は，ジュース，ジャムなどの商品を直売
所で販売することやレストランで提供していることが考えられる．また，米に
関しては，直売所で販売する他に，餅や煎餅などの加工商品として販売してい
る例が見られる．畜産物に関しては，家畜を飼養している牧場などで，ジェラ
ートやハム，ウインナーなどの加工品の販売，レストランでの提供，バーベキ
ュー施設の運営などのケースが考えられる．

3. 安全・安心な牛肉のブランド化と販売戦略－京都丹後地方の日本海牧場にお ける農商工連携事業－

　本節では，農商工連携の事例として，京都府丹後地方の日本海牧場を事例と
して取り上げ，安全・安心な牛肉のブランド化と販売拡大に関する取り組みに
ついて見ていくこととする．

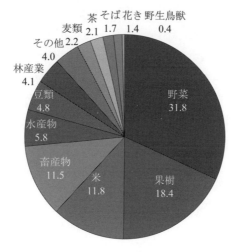

図 4-4　六次産業化における対象農林水産物の割合
　　　資料：農林水産省（2015b）『6 次産業化をめぐ
　　　る情勢について』より筆者作成.
　　　注：複数の農林水産物を対象としている事業計
　　　画については全てをカウントした.

（1）農商工連携の取り組み

　農事組合法人日本海牧場は，京都市内から 150km ほど離れた京都府北部の京丹後市網野町に位置している.

　日本海牧場は，建設業を営む山崎工業の先代社長山崎欽一氏（現代表理事の山崎高雄氏の父．以下，現代表理事の山崎高雄氏を山崎氏とする）が 1981 年に開始した.「もったいない」という言葉にこだわりを持ち，循環型社会をイメージした会社・グループ作りを行ってきた.「地域内にある未利用資源を活かして，なにか京丹後ならではの食材を生産できないか」という考え方から肉牛の飼養が始まった．日本海牧場はその「もったいない」の精神を受け継いでおり，牧場の建物は，古い小学校や公民館の解体工事で発生した古材を用いて建設したものである.

　山崎氏は，本業の建設業および日本海牧場の他にも生コン製造，車海老の養殖など 4 つの法人に関わっている．その他にも，民宿や天然塩の製造販売，有機野菜，米作りなど多岐にわたる取り組みを行っている．また，農繁期には関連会社の間で建設会社のオペレータが牧草の刈り取りを行うことや牧場のトラ

クターで農地造成工事を行うなど，グループ全体の取り組みが相互に補完し合う循環型のシステムを形成している．

　牧場開始当時は，里山で乳牛（ホルスタイン種）の放牧による「山地酪農」に挑戦をしたが，ダニなどの問題により飼養を断念した．次いで，黒毛和種でも同様の試みを図ったが，うまくいくことはなかった．「何としてでも放牧飼養を行いたい」との思いから，山間地での放牧に強い岩手県の日本短角種の導入を図った．日本短角種の導入が成功したことで放牧飼養の基礎を形成することができた．その後は，日本短角種の雌牛に黒毛和種の雄牛を掛け合わせた「たんくろ」の生産を開始し，事業の展開を図っている．

　現在は，肉用牛の繁殖・肥育一貫生産を行っている．日本短角種と黒毛和種の繁殖雌牛を飼養しており，黒毛和種と日本短角種との F_1（交雑種である「たんくろ」）と黒毛和種を生産している．

　飼養頭数は，2008年の時点では，繁殖牛60頭，肥育牛70頭程度であったが，近年では，それぞれ100頭近くまで増頭している．繁殖牛である日本短角種と黒毛和種の比率，肥育牛である「たんくろ」と黒毛和種の比率は，どちらもおよそ1：1となっている．

　放牧に関しては，急峻な山にシバを播種し14haの放牧地を造成し，そこに日本短角種の母牛（妊娠している牛）を20頭程度，放牧している．放牧期間は5月から11月上旬ごろまでの間である．それ以外の期間は牛舎で飼養している．放牧地には牛舎も併設しており，夜間は舎内で管理が行われている．放牧メリットとしては，地域内の資源利用，労働作業の省力化や牛の健康改善・増進があげられる．堆肥は，牧草地への散布や米や有機野菜の栽培に利用され，循環型の農業が行われている．

　これまで，牛肉の輸入自由化や国内で発生したBSEの影響などにより，経営を取り巻く環境が悪化していたため，山崎氏は農業の経営を辞めるために牧場を引き受けた．そのため「どうせ農業経営から手を引くのであれば，自分のやりたいようにやろう」と思い，先代の時に行っていた庭先での取引を辞め，枝肉の写真をつけて市場に出荷するようになった．給餌飼料に関しても他の肥育農家と同じような飼料を与え，ビタミンコントロールなども行った．その結果として，出荷した枝肉の多くが4等級以上（等級は5段階に分かれており，最も良い評価が5等級である）のものとなり，これまでにない高い評価を得るこ

ととなった．しかし，山崎氏は濃厚飼料多給の肥育方法に対し「そこまでサシ（霜降り）を入れなくても良いのでは？」と疑念を抱くようになった．

　その後，山崎氏は，サシを重視する肥育方法から牛の健康を重視した肥育方法へと方針転換を図ることにした．肥育牛が食べるえさは，とうもろこしや大豆などの濃厚飼料（穀物）や稲わらなど，その多くが海外からの飼料に依存している．日本海牧場でも以前は同様の飼料を与えていた．しかし，海外から輸入したわらのなかには，ネズミの死骸や金属のくずの混入，わらの腐敗などがあり，牛に与えることのできない飼料も多く，ロスが発生していた．時を同じくして，口蹄疫の問題や国内 BSE の問題などが発生したことにより，日本海牧場では，できるだけ安心・安全な国産のえさを給餌する方向へと転換を図った．これまでの濃厚飼料に代わり，7ha の牧草地にスーダンやイタリアンなどの牧草を播種し，粗飼料を中心とする飼料体系へと移行した．またその他に，飼料用米や稲わら，ビール粕や食品残渣を利用したエコフィードなど，地域内にある遊休資源や未利用資源を有効活用し，粗飼料の自給率向上に努めるようになった．

　日本海牧場では安心・安全への取り組みや地域資源の有効活用，生産現場や処理段階での厳格な管理体制を行ってきた結果，2007 年 10 月 31 日に京都府初の「生産情報公表牛肉 JAS 規格」（登録認定機関：社団法人京都府畜産振興協会）認定の牧場として登録されることとなった．こうした情報はすぐに各方面に伝わり，新聞や雑誌で取り上げられることが多くなった．

（2）農商工連携の展開と課題

　以上のように日本海牧場では，自身の放牧地を活かすため，短角種の放牧飼養により「たんくろ」を生産してきたが，粗飼料を主体とした飼養のため，赤身中心の肉質であった．サシが入らないため，市場出荷での格付けは低く，その価値は評価されていなかった．そうした中，焼肉店の「きたやま南山（京都市左京区，以下，南山とする）」との出会いがあった．南山では，牛肉の提供を通して地域が元気になるような取り組みを行っており，近江牛や短角種などの 1 頭買いを行っていた．両者が連携するきっかけとなったのは，以前に南山の期間限定メニューとして日本海牧場の「たんくろ」を取り扱った経緯があったためである．2009 年 2 月には，国の農商工連携の認定を受け，「京たんくろ和

牛」を京都のブランド牛として育成していく取り組みを始めた．

　今後の課題としては，まず，飼養環境を整えることである．「京たんくろ和牛」の生産は年間わずか30頭ほどである．この頭数ではブランド牛としての地位を確立することはおろか一般的な流通は難しいであろう．今後は，自給飼料や飼料用米を給与している特徴を前面に出し，差別化を図ることでブランド牛としての地位を確立するとともに，「京たんくろ和牛」の安定供給が可能となる飼養環境を整備することが重要となる．次いで，山崎氏も述べていたが，京都に来た観光客を京丹後にまで足を運んでもらうような仕掛けを作っていくことが重要であるといえる．放牧している牛の風景や京都でしか食べることのできないブランド牛など，希少性のある地域資源を取り入れたツーリーズム的要素による付加価値を創出していくためのクラスター形成が必要となってくるであろう．

4. 消費者が求める安全・安心な養豚生産と販売戦略－徳島県の石井養豚センターにおける六次産業化事業－

　本節では，徳島県阿波市の石井養豚センターを事例として取り上げ，養豚の生産から加工，販売までの一貫した六次産業化事業に関する新たな取り組みについて見ていくこととする．

（1）六次産業化の取り組み

　石井養豚センターの本社は，徳島市中心部から車で30分ほど離れた名西郡石井町に位置している．また，併設している市場農場は徳島県阿波市の標高450mの山腹に位置している．石井養豚センターでは，養豚の一貫経営をおこなっている．詳細は後で述べるが，石井養豚センターは，豚肉の加工会社であるウインナークラブに出資を行うとともに，精肉やハム・ソーセージなどの販売に関しては自然派ハム工房リーベフラウを直営するなど，生産・加工・販売が一体となった事業体である．

　石井養豚センターは，1969年に先代の社長が年間2,000頭の生産からスタートした．現在，母豚の自家更新率は100％である．品種へのこだわりとして，中ヨークシャー種をベースに大ヨークシャー，デュロックを掛け合わせたオリジナル豚を飼育している．

　豚舎は，養豚にストレスのかからないよう様々な工夫がなされている．豚舎の設計に関しては，ヨーロッパの豚舎をモデルとして獣医師である農場長自らが設計を行った．飼料は，non-GMO を中心としたオリジナル飼料設計による給餌を行っている．主な飼料はトウモロコシ・大豆粕・マイロ・大麦・小麦・米糠・フスマなどである．また，食品メーカーの食品残渣（豆腐粕やパン屑など）を用いた発酵リキッド飼料の給餌や飼料用米も利用し，コストの削減と飼料自給率の向上に努めている．

　さらにふん尿に関しては，週に一度豚舎より排出し，ふん尿処理施設へと運搬する．そこでは，尿と固形物を分離したあと，尿は浄化槽で処理され，固形物はコンポストで発酵処理される．処理された尿は，ばっ気処理などを行った後，飲用可能な水に戻し利用している．また，発酵処理されたふんは，最終的に完熟堆肥「スター堆肥」として飼料稲生産農家などへ販売を行っている．これらの独創的な取り組みが評価を受け，2007 年には農林水産大臣賞（畜産経営管理技術）を受賞している．

（2）ウインナークラブの設立

　石井養豚センター経営が大きく展開したのは，約 30 年前に大阪の泉北生協（現在のエスコープ）と豚肉の販売提携を結んだのがきっかけである．当時の社長（近藤功氏）は「消費者が求めている安心なものを直接生産者に届け，喜んでもらいたい」との考えをもっていた．そうした理念と泉北生協との理念が一致したことにより販売提携が生まれた．豚肉の取引は通常，ヒレやロースといった部分肉での流通が主であるが，両者の間では，当時めずらしい一頭丸ごと購入する取引契約を結んでいた．締結後，約 6 年間で一頭買いの養豚の頭数は，月 200 頭にまで広がった．その後，組合員の中から販売提携を見える形にしたいとの動きが高まったため，石井養豚センターと生協が共同出資を行い，オリジナル豚だけの解体処理・精肉加工場である加工会社ウインナークラブを設立した．なお，ウインナークラブの名称は，組合員の発案によるものである．ウインナークラブの設立から現在まで，組合員は様々な意見を出し合い議論を重ねてきた．例えば，半丸の枝肉（一頭を縦半分に割ったもの）を解体して，各部位の用途や調理方法などについて議論し合い，無駄のない肉の利用方法，新たな商品の開発などについての議論が行われてきた．

　現在のウインナークラブの代表取締役は，石井養豚センター社長の母親である近藤智佐恵氏が務めている．ウインナークラブは，設立当初より，大手食肉メーカーとの差別化を図り，付加価値を創出しないと生存競争に生き残れないと認識しており，現在も一貫した考えを持っている．ウインナークラブのホームページには，以下の想いが明文化されている．

　「養豚と精肉・加工，流通の全てが明確な豚肉が食べたい」という生協の組合員の思いと「品種や飼料，飼い方にこだわった，良質の豚肉を食卓へ届けたい」という養豚家の思いがつながって生まれました．
　設立後ほどなくして，「子どもたちも安心して食べられるハム・ソーセージを作ってほしい」という要望に応え豚肉加工品の製造を開始しました．

（3）リーベフラウの設立

　次いで，1999年には豚肉専門のレストランおよび直売店である自然派ハム工房「リーベフラウ」を開店する．当店舗は，石井養豚センターの直売店であり，店長は，石井養豚センターの叔父である近藤保仁氏が務めている．
　保仁氏は，獣医師免許取得後，ウインナークラブに入社した．転機が訪れたのは1992年である．食肉製品製造販売のマイスターの資格を持つオランダ人，シェフケ・ダンカース氏に師事し，無塩せきウインナーを作る技術を習得した．その後，1993年より1年間，ドイツ南西部の精肉店メッツゲライ・グート氏よりハム・ソーセージの製造に関する研修を受けた．研修では，豚の屠殺から肉の解体・処理，加工まで，一連の流れを学んだ．同氏にとってこの経験が極めて重要な意味を持つこととなった．現在のリーベフラウの理念の根幹を成している，加工技術の追求，おいしさへのこだわりは，研修で培ってきた調理道具の準備や手入れ，解剖学の知識などが土台となっている．
　リーベフラウは，神戸にも出店しているが，当初は関西の牛肉文化に対する障壁が高く，経営状況は悪化の一途を辿り，撤退も考えた．しかし，関西の牛肉文化に合うように，養豚の精肉販売よりも加工品販売にシフトしていくことで，経営を立て直した．リーベフラウでは，消費者への商品の直接販売のみならず，店内での食事（ランチなど）も可能となっている．さらに，バーベキュー施設や冬季限定のしゃぶしゃぶハウス，ソーセージ作り体験，ポニーや豚，

ヤギなどがいるミニ牧場，など家族連れでも楽しめる工夫がなされており，休日には多くの来訪客でにぎわっている．現在では，ハム・ソーセージの他に，餃子，アイスバインのポトフセットなど100を超えるアイテムを直営店やインターネットで販売している．

（4）六次産業化の展開と課題

　本章で取り上げた石井養豚センターは，泉北生協（エスコープ生協）との協議，連携を進める中で展開を図ってきた．生産者自らが加工会社に出資し，ウインナークラブを設立し，その後，販売分野を強化するためにリーベフラウを設立し，事業の多角化を図ってきた，六次産業化事業の典型例であるといえる．先に述べたようにウインナークラブでは，大手食肉メーカーとの差別化を図るために，無添加のハム・ソーセージの製造を行っている．しかし，設立当初は，専門家がいなかったため，製造ノウハウがなく商品は不評であった．そのため，本場ドイツの製造方法を学び，高度な技術を習得することに努めた．その一方で，生協はこれらの期間もウインナークラブを支援し続けた．このような努力と支援の結果，スラバクトコンテスト（ヨーロッパの食肉職人において権威ある食肉加工品コンクール）でスターゴールド賞（最高栄誉）のほか，数々の加工品において金賞・銀賞を受賞することとなった．現在では，120を超えるアイテムが製造・販売されている．生協との特徴的な連携として，アレルギーを持つ消費者に対応可能な商品の開発を行っている．

　このように，石井養豚センターは，消費者目線での対話・議論を続ける中で，消費者が求める分野・領域への展開を図ってきた．それがウインナークラブであり，リーベフラウである．石井養豚センターを中心に生協や関連事業体などのビジネスパートナーと有機的なネットワークを築きクラスター展開を図ってきた．こうした事例は，わが国でも少ないマーケットインの事例であるといえる．今後は，事業規模の拡大に伴う多角化や消費者ニーズの多様化など，経営を取り巻く様々な環境変化に対応していくことが必要であろうが，基本的理念を維持しながら消費者と向き合っていくことが重要である．そのためには，価値観の共有と実践において，経営が継続していくための仕組みづくり（人材育成や組織文化の形成）をより一層図っていくことが重要になってくると思われる．

5. おわりに

　これまで述べてきたように，近年，農業を取り巻く環境は大きく変化しており，かつ多様化してきている．急速に変化している社会に対応するためには，これまでの経営内部における経営資源の利活用のみでなく，経営の外部環境に対応可能な戦略を打ち立てていくことが必要となっている．すなわち，自身の経営にとって必要な資源を異業種関係者とのネットワーク構築・クラスター形成などにより，経営外部から獲得・調達してくる能力が極めて重要になってきたといえる．そうした経営戦略の新たな方向性の1つとして，本章で取り上げた農商工連携や六次産業化によるクラスター形成が有効であるといえる．

　今後の農商工連携や六次産業化事業への展開では，個別経営のみならず個別経営を取り巻く地域社会に対して，以下のような期待が込められている．

　第1に，農業生産の特質などから必ず発生し，従来は基本的に廃棄していた規格外品や裾物などの農産物加工を通じ付加価値化することへの期待である．このことにより，これまでは廃棄していた農作物の商品化を図ることが可能となり，農業生産者の手取りを増加させることが期待できる．

　第2に，農業生産・加工・サービスなどを通じて農業経営体が行う事業活動を周年化・通年化させることで，農業生産者の所得を増加させるという期待である．畜産の場合は，一年を通した作業があるが，他の農作物に関しては季節性がともなっているため，一年を通しての作業は少ない．季節労働的なアルバイト・パートを雇うのではなく，正規雇用として雇う場合には，一年を通じた仕事・作業の確保が不可欠である．農商工連携や六次産業化事業を展開することで，加工施設やレストランなどを併設し，年間を通した作業を提供することが可能となる．こうした事業展開により，地域における新たな雇用の創出も期待される．

　第3に，この種の事業を通じて産地に代表される地域農産物に対してブランド化を含む新たな市場価値を創出し，地域農産物の価値水準を向上させるという期待である．この点に関しては，衰退している産地を再生させることへの期待もある．気象や土壌特性など栽培に適した農業生態的環境を備えた「栽培適地」への集中度が再び高まりつつあり，かつての産地への回帰が進んでいることも一因として挙げられる（小田ら 2015）．さらに将来的には，農産物・加工

品などの海外への輸出を図ることも期待される.

　第4に，都市農村交流の進展や地域への人々の回帰（田園回帰）を含め，地域経済の活性化への期待，そして地域における他産業への経済的な波及効果を生み出すことへの期待である.

　最後に，農商工連携や六次産業化事業では上記のような期待を持ちつつ，個別経営の経営発展を通じて，地域農業の維持・発展，特に農地を中心とした地域の農業生産諸資源の維持を図ること，そして次世代に様々な諸資源を引き継いでいくことが大きな役割として期待されている.

注

1）新山（1998）や斎藤（1999）は，畜産経営では，他の作目よりも早い段階でインテグレーションが形成されてきたことを指摘している.

補論：農商工連携および六次産業化の現状

　附表4-1は，2021年2月12日時点における地域別および事業分野別の認定計画数の内訳を示したものである.現在815件の事業計画が認定を受けている.地域別では，首都圏に近い関東地域での認定数が155件と最も多い.次いで，中国四国が124件，東海が106件となっている.認定事業分野の内訳をみると，農業分野が656件で最も多く，全体の80.5％を占めている.次いで漁業分野が112件（全体の13.7％），林業分野が47件（全体の5.8％）となっている.だだし，815件のうち，農林漁業者が主体となっている取り組みはわずか54件（6.6％）である.附図4-1は，事業計画で活用されている農林水産資源の内訳を示したものである.内訳をみると，野菜が最も多く30.3％を占めている.次いで，水産物（13.2％），畜産物（12.1％）となっている.

　認定事業類型の内訳をみると，「新規用途開拓による地域農林水産物の需要拡大，ブランド向上」を目的とした取り組みが375件と最も多い（附表4-2）.他方，「観光とのタイアップによる販路拡大」（16件）や「海外への輸出による販路の拡大」（9件）は，これまでと同様に認定件数は少ないといえる.

　次いで，六次産業化事業の現状について示す.六次産業化事業の認定は，2021年10月29日時点で2,599件の事業が認定を受けている（附表4-3）.地域別の

附表 4-1　農商工連携における地域別の認定状況（令和 2 年 10 月 9 日現在）

地域	連携事業計画の認定件数	うち農畜産物関係	うち林産物関係	うち水産物関係
北海道	90	74	6	10
東北	79	67	1	11
関東	155	130	5	20
北陸	62	46	7	9
東海	106	89	6	11
近畿	92	79	4	9
中国四国	124	88	9	27
九州	86	69	8	9
沖縄	21	14	1	6
合計	815	656	47	112

資料：農林水産省（2021a）『農商工等連携促進法に基づく農商工等連携事業計画の概要』より筆者作成.

注：合計 815 件のうち，農林漁業者が主体となっている取り組みは 54 件（6.6％）である.

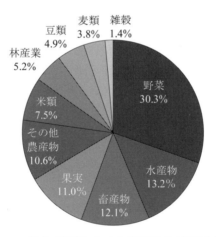

附図 4-1　農商工連携における事業計画で活用される
農林水産資源
資料：農林水産省（2021a）『農商工等連携
促進法に基づく農商工等連携事業計
画の概要』より筆者作成.

認定件数をみると，最も多いのが九州（464 件）で，次いで関東（448 件），近畿（389 件），東北（380 件）となっている. 認定分野としては，農畜産物関係が 2,302 件と 88.6％を占めている.

附表 4-2　農商工連携における認定事業の類型（件）

	計
①規格外や低未利用品の有効活用	119
②生産履歴の明確化や減農薬栽培等による付加価値向上	50
③新たな作目や品種の特徴を活かした需要拡大	194
④新規用途開拓による地域農林水産物の需要拡大，ブランド向上	375
⑤IT などの新技術を活用した生産や販売の実現	52
⑥観光とのタイアップによる販路の拡大	16
⑦海外への輸出による販路の拡大	9
合計	815

資料：農林水産省（2021a）『農商工等連携促進法に基づく農商工等連携事業計画の概要』より筆者作成．

附表 4-3　六次産業化・地産地消法に基づく事業計画の認定の概要

地域	総合化事業計画の認定件数	うち農畜産物関係	うち林産物関係	うち水産物関係	研究開発・成果利用事業計画の認定件数
北海道	163	154	3	6	1
東北	380	344	12	24	4
関東	448	408	18	22	12
北陸	127	121	2	4	1
東海	243	208	14	21	0
近畿	389	353	13	23	3
中国四国	324	269	13	42	2
九州	464	390	28	46	6
沖縄	61	55	1	5	0
合計	2,599	2,302	104	193	29

資料：農林水産省（2021b）『六次産業化・地産地消法に基づく事業計画の認定の概要』より筆者作成．

　また，六次産業化事業の認定事業内容の割合を示したのが附表 4-4 である．最も多い事業は「加工・直売」で 68.8％となっている．次いで，「加工」（18.2％），「加工・直売・レストラン」（7.1％）と加工事業への展開が多いことが特徴である．

　附図 4-2 は，認定された対象農林水産物の割合を示したものである．最も多いのは野菜で 31.4％を占めている．次いで，果樹（18.6％），畜産物（12.6％），米（11.8％）の割合が高くなっている．

附表 4-4　総合化事業計画の事業内容の割合（%）

加工	18.2
直売	2.9
輸出	0.4
レストラン	0.4
加工・直売	68.8
加工・直売・レストラン	7.1
加工・直売・輸出	2.2

資料：農林水産省（2021b）『六次産業化・地産地
消法に基づく事業計画の認定の概要』より
筆者作成.

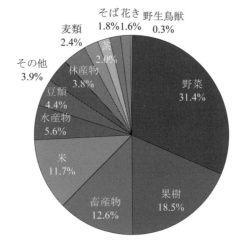

附図 4-2　総合化事業計画の対象農林水産物の割合
資料：農林水産省（2020b）より筆者作成
注：複数の農林水産物を対象としている総合
化事業計画については全てをカウントした.

引用文献

石井養豚センターホームページ，http://www.ishii-youton.com/（2015 年 9 月 24 日閲覧）.
ウインナークラブホームページ，http://www.wiener-club.com/=3（2015 年 9 月 24 日閲覧）.
小田滋晃（2012）「アグリ・フードビジネスの展開と地域連携」『農業と経済』78（2）：
　　51-61.
小田滋晃・坂本清彦・川﨑訓昭・長谷　祐（2015）「わが国における果樹産地の変貌と産
　　地再編－新たな「産地論」の構築に向けて－」『生物資源経済研究』20：65-84.
小田滋晃・長命洋佑・川﨑訓昭編著（2013）『農業経営の未来戦略 I　動きはじめた「農
　　企業」』昭和堂.
小田滋晃・長命洋佑・川﨑訓昭・坂本清彦編著（2014）『農業経営の未来戦略 II　躍動す

る「農企業」　ガバナンスの潮流』昭和堂.

金井萬造（2009）「農商工連携を進める上での実践的課題」『農業と経済』75（1）：5-11.

きたやま南山ホームページ，http://www.nanzan-net.com/（2015 年 9 月 14 日閲覧）.

斎藤　修（1999）『フードシステムの革新と企業行動』農林統計協会.

中国四国農政局資料「京都丹後地方の『京たんくろ和牛』の安全・安心な牛肉のブランド化と販売拡大」，http://jlia.lin.gr.jp/seisan/pdf/00332.pdf（2015 年 9 月 15 日閲覧）.

南石晃明（2014）「農業法人経営における ICT 活用と技能習得支援」南石晃明・飯國芳明・土田志郎編著『農業革新と人材育成システム』農林統計協会：349-364.

新山陽子（1998）『畜産の企業形態と経営管理』日本経済評論社.

二ノ宮悦郎（2009）「京都丹後地方の『京たんくろ和牛』の安全・安心な牛肉のブランド化と販売拡大」『中小企業と組合』772：14-15, https://j-net21.smrj.go.jp/support/certified/cross_industry/ffsr280000007rci-att/chushokigyo_noshoko_001.pdf（2020 年 11 月 15 日閲覧）.

農事組合法人日本海牧場ホームページ，http://kyochiku.com/nihonkai/index.html（2015 年 9 月 15 日閲覧）.

農事組合法人日本海牧場ホームページ，http://www.kyochiku.com/nihonkai/（2020 年 11 月 22 日閲覧）.

農林水産省（2012）「平成 23 年度食料・農業・農村白書」，http://www.maff.go.jp/j/wpaper/w_maff/h23/pdf/z_1_3_2.pdf（2015 年 9 月 21 日閲覧）.

農林水産省（2015a）「農商工連携の推進に向けた施策」，http://www.maff.go.jp/j/shokusan/sanki/nosyoko/pdf/270706s.pdf（2015 年 9 月 25 日閲覧）.

農林水産省（2015b）「6 次産業化をめぐる情勢について」，http://www.maff.go.jp/j/shokusan/renkei/6jika/pdf/1270918.pdf（2015 年 9 月 25 日閲覧）.

農林水産省（2021a）「農商工等連携促進法に基づく農商工等連携事業計画の概要」，https://www.maff.go.jp/j/shokusan/sanki/nosyoko/attach/pdf/index-77.pdf（2021 年 11 月 3 日閲覧）.

農林水産省（2021b）「六次産業化・地産地消法に基づく事業計画の認定の概要」，https://www.maff.go.jp/j/shokusan/sanki/6jika/nintei/attach/pdf/index-247.pdf（2021 年 11 月 3 日閲覧）.

細川　孝（2009）「農商工連携をどう進めるか－産業政策の視点から－」『農業と経済』75（1）：40-47.

堀田和彦（2012）「石井養豚センターによる 6 次産業化ビジネスの実態とナレッジマネジメント」『農商工間の共創的連携とナレッジマネジメント』農林統計出版：147-157.

松岡憲司・辻田素子・木下信・長命洋佑・北野裕子（2014）「京都府・滋賀県における農商工連携の現状と課題」『社会科学研究年報』44：227-236.

室屋有宏（2008）「「農商工連携」をどうとらえるか－地域の活性化と自立に活かす視点－」『農林金融』61（12）：2-16.

山崎高雄（2008）「京の丹後で農舞台を!!」『畜産システム研究会報』32：21-27.

リーベフラウホームページ，http://www.wiener.co.jp/（2015 年 9 月 25 日閲覧）.

第5章　畜産クラスター形成による生産基盤創出と新たな展開

1.　はじめに

　わが国の家畜生産は，高齢農家の離農や後継者不足による人手不足，飼料価格の高騰による経営の圧迫など，生産基盤の弱体化が顕在化している．また，安全・安心への関心や健康志向などによる消費者ニーズの多様化，海外での和牛肉への関心の高まりなどによる国際競争力の強化，消費者需要や国際環境の変化など，生産を取り巻く環境は大きく変化している．近年の肉用子牛市場の動向においては，過去に例を見ないほどの高値水準で推移している．10年ほど前の2010（平成22）年は約30万円で推移していた黒毛和種の子牛価格は，2016（平成28）年には平均約85万円まで値上がりし，現在も高い水準のままである．繁殖経営では高齢化などによる離農が進み，繁殖雌牛の頭数は2010年の68万4,000頭をピークに2015年には58万頭へと15%も減少するなど繁殖基盤は急速に弱体化している．繁殖雌牛の減少により，子牛市場への出荷頭数が減少したため，子牛価格は高騰し，肥育経営を圧迫している．その一方で，酪農生産では，肉用牛資源を確保することを優先するため，乳用後継牛の確保・育成が困難となっており，供用期間の短縮も進んでいることから乳用牛資源や生乳生産量が減少している．

　こうした生産基盤が脆弱化してきたわが国の現状を踏まえ，農林水産省は2015年3月に「酪農及び肉用牛生産の近代化を図るための基本方針」（以下，「基本方針」と記す）を策定した．今回の基本方針では，国や地域の関係者が生産者と一体となり，「人（担い手・労働力の確保）」・「牛（飼養頭数の確保）」・「飼料（飼料費の低減，安定供給）」のそれぞれの視点から，生産基盤の強化を図ることが最優先の課題となっている．課題への対応として，国，地方公共団体，関係機関などは相互に連携を強化し，地域全体で収益性を向上させる畜産クラスターをはじめとする施策を重点的に実施していく方針を示している．畜種別の取り組みをみると，酪農生産では，性判別技術を活用した優良な乳用後継牛の確保・育成を行うとともに，供用年数の延長や適切な飼養管理を図ることに

よる生産性の向上が期待されている．肉用牛生産では，繁殖経営の飼養頭数を拡大するとともに，キャトル・ブリーディング・ステーション[1]（以下，「CBS」と記す）への預託を活用することなどにより，地域全体で繁殖基盤の強化を図っていくことが期待されている．

　これまでの家畜生産においては，個々での取り組みが重視されてきたが，現在取り組みが実施されている畜産クラスター形成による家畜生産においては，畜産農家と地域の関係者とが連携し，新たな畜産生産の生産基盤拠点を創出することで，地域として生産基盤の強化を図っていくことが期待されている．

　そこで本章では，生産拠点創出と競争力強化に資する畜産クラスター形成の取り組み実態を把握し，今後の課題について検討することを目的とする．具体的には，熊本県菊池市の菊池地域農業協同組合（以下，「JA 菊池」と記す）において畜産クラスター事業を利用し開設された CBS の取り組みを事例として取り上げ，その実態を明らかにした上で，今後の家畜生産について検討を行う[2]．なお，本章では乳用牛および肉用牛に焦点を絞り，畜産クラスターの取り組みについてみていく．以下，次節では，基本方針および畜産クラスターの取り組みについて整理を行う．第 3 節では，JA 菊池における家畜生産の取り組み実態について，第 4 節では同 JA における CBS の取り組み実態を明らかにし，第 5 節では，本章のまとめを行う．

2. 基本方針および畜産クラスターの取り組み

（1）基本方針の特徴

　本節では，基本方針の特徴について整理する．今回の基本方針の特徴は以下の 2 つと言えよう．第 1 は，「人・牛・飼料」のそれぞれの視点から基盤強化の取り組み施策を整理したことである．第 2 は，畜産クラスターの構築を前面に打ち出し，畜産経営だけでなく，自治体や研究機関，メーカーなど他の関係者と連携することにより，地域全体で収益性の向上を図る取り組みに対する支援の強化方針を示したことである．

（2）基盤強化をめぐる課題と取り組み

　基盤強化の取り組みに関しては，表 5-1 に示す 3 点が基本的な取り組みとな

表5-1　基本計画における基盤強化の取り組み

	基本的な取り組み
(1)担い手の育成と労働負担の軽減	① 新規就農の確保と担い手の育成
	② 放牧活用の推進
	③ 外部支援組織の活用の推進
	④ ロボット等の省力化機械の導入推進
(2)乳用牛・肉用牛飼養頭数の減少への対応	① 生産構造の転換等による規模拡大
	② 計画的な乳用後継牛の確保と和子牛生産の拡大
	③ 乳用牛の供用期間の延長
	④ 需給環境の変化に応じた家畜改良の推進
	⑤ 牛群検定の加入率の向上
	⑥ 家畜の快適性に配慮した飼養管理の推進
(3)国産飼料生産基盤の確立	① 国産粗飼料の生産・利用の拡大
	② 放牧活用の推進
	③ 飼料用米等国産飼料穀物の生産・利用の拡大
	④ エコフィードの生産・利用の促進
	⑤ 飼料の流通基盤の強化
	⑥ 肉用牛生産における肥育期間の短縮

資料：農林水産省（2015b）「酪農及び肉用牛生産の近代化を図るための基本方針－地域の知恵の結集による畜産再興プラン－『人・牛・飼料の視点での基盤強化』」を参考に筆者作成.

っている．それらは，「担い手の育成と労働負担の軽減」，「乳用牛・肉用牛飼養頭数の減少への対応」および「国産飼料生産基盤の確立」である．第1の「(1)担い手の育成と労働負担の軽減」に関しては，新規就農の確保と担い手の育成，外部支援組織の活用，ロボットなどの省力化機械の導入などが期待されている．

主な取り組み内容
・農地取得や施設整備に関するマッチング支援（新規就農希望者等と離農予定農家等に対して）
・飼養・経営管理に係る技術・知識の習得に関する研修会
・放牧技術の普及・高度化に資する人材の育成
・酪農経営では，高栄養な牧草摂取のための草地管理
・肉用牛経営では，荒廃農地等の放牧利用とそれに係る地域調整や牧柵等の設置
・コントラクターや TMR センター等の整備による安定的な地域自給飼料の生産・供給体系の構築
・キャトル・ステーション（CS）やキャトル・ブリーディング・ステーション（CBS）等の設立・整備
・ヘルパー人材の技能向上，ヘルパー制度活用に対する利便性向上
・畜産クラスターの活用による所得向上
・畜産クラスターを活用した CS・CBS の整備による繁殖・育成体制の構築および地域飼養規模の拡大
・性判別技術の活用による優良な乳用後継牛の確保
・受精卵移植技術の活用による乳用雄牛や交雑種から肉専用種への生産移行
・過搾乳の防止や乳用牛の栄養管理，適切な削蹄励行，牛舎環境の改善等による供用期間の延長
・新たに策定された家畜改良増殖目標に即した改良増殖の推進
・乳用牛では，1 頭当たり乳量向上および供用期間の延長等による生涯生産性の向上
・肉用牛では，生産コスト低減や多様な消費者ニーズへの対応
・SNP（一塩基多型）情報を活用したゲノミック評価手法の確立・精度向上等による効率的な育種改良
・酪農における飼養・繁殖管理，乳質・衛生管理および乳用牛の遺伝的改良に資する検定データの提供
・「アニマルウェルフェアの考え方に対応した乳用牛／肉用牛の飼養管理指針」（平成 23 年 3 月公表）の周知・普及
・優良品種を用いた草地改良
・高栄養作物（青刈りとうもろこし等）や水田を活用した稲発酵粗飼料（稲 WCS）等の国産粗飼料の生産・利用拡大
・コントラクター等の活用による粗飼料の生産効率向上，生産・利用の拡大，低コスト生産
・放牧技術の普及・高度化，牧柵の設置等の条件整備
・耕種側と畜産側（畜産農家や配合飼料製造業者等）の需給マッチング
・畜産農家での利用体制，配合飼料工場における供給体制の整備等による生産・利用拡大
・イアコーン等の新たな濃厚飼料原料の生産・利用
・食品産業事業者や再生利用事業者，畜産農家等と連携，生産利用体制の強化・品質確保
・国産飼料の調製・保管体制の構築や広域流通に資する体制整備，配合飼料工場の機能強化，港湾整備
・肉質・枝肉重量の変化に留意した効率的な肉用牛生産への生産構造の転換

第 2 の「(2) 乳用牛・肉用牛飼養頭数の減少への対応」については，生産構造の転換などによる規模拡大，計画的な乳用後継牛の確保と和子牛生産の拡大などが掲げられている．第 3 の「(3) 国産飼料生産基盤の確立」については，国産粗飼料の生産・利用の拡大，放牧活用，飼料用米など，国産飼料穀物の生産・利用の拡大などが求められている．

　酪農経営では，経営における収益構造の改善や飼養規模拡大のために，大型の機械や施設への投資負担が増大していること，高齢化・後継者不足などによる労働力不足，飼料生産基盤の確保が困難であること，規模拡大による環境問題やきめ細かな飼養管理への対応などが課題となっている．さらに，乳用雄子牛よりも市場価格の高い交雑種子牛の生産が増加していることから乳用後継牛の頭数が減少しており，生乳生産量の減少要因となっているため，優良な乳用後継牛を確保することも課題である．そうした状況下において，搾乳ロボットなどの省力化機械の導入，コントラクターなどの外部支援組織や放牧の活用などを進めることで，労働負担の軽減を図っていくことが有効な方策として期待されている．さらに，性判別技術を活用して，優良な乳用後継牛を確保しつつ，供用期間の延長や適切な飼養管理の徹底を通じて生産性の向上を図り，生乳生産基盤の強化と生乳の安定供給の確保を図っていくことも重要な取り組みといえる．

　他方，肉用牛経営では，肥育経営で規模拡大が進む一方で，小・中規模の繁殖経営では，高齢化や後継者不足による離農が続いており，肉用牛の飼養頭数は減少傾向にある．飼養頭数の減少により子牛価格が高騰しているため，肥育農家ではもと畜導入が困難となっている．肉用牛経営においては，飼養頭数の減少への対応として，繁殖経営の飼養頭数の拡大を図るとともに，キャトル・ステーション[3]（以下，「CS」と記す）やCBSへの預託を活用することにより，畜産生産地域全体で繁殖基盤の強化を図ることが重要な取り組みとなっている．さらに，子牛生産拡大のために，受精卵移植技術を活用した肉専用種の増頭を行うことや，生産構造の転換のために，繁殖・肥育の一貫経営への移行や肥育期間の短縮を通じた生産性の向上を図ることが重要である．

（3）畜産クラスターへの期待

　基本方針に示されている多様な施策の中で特に重要度の高いものが畜産クラスターであり，地域全体の収益性を高める取り組みとして重視されている．畜産クラスターは「畜産農家と地域の畜産関係者がクラスター（ぶどうの房）のように，一体的に結集することで，畜産の収益性を地域全体で向上させるための取り組み」と農林水産省（2015a）で定義されており，直面する課題解決に貢献しうる施策として期待されている．表5-2は，畜産クラスターの取り組み推

進が期待されている六つの柱を示したものである（農林水産省 2015a）．それらは，①新規就農の確保，②担い手の育成，③労働負担の軽減，④飼養規模の拡大，飼養管理の改善，⑤自給飼料の拡大，⑥畜産環境問題への対応である．

　以下では，畜産クラスターによる推進が期待される取り組みについて，農林水産省（2015a）をもとに，6 つの柱の目的と期待される取り組みについて，簡単に整理しておく．

　①新規就農の確保においては，新規就農者を地域の担い手として積極的に受け入れ，地域への定着を図ること，併せて，新規就農者の利用により，離農跡地等の地域資源を有効に活用することが目的となっており，新規就農者への農地や畜舎などの地域資源の有効活用，技術や経営確立のための支援方策が図られている．

　②の担い手の育成に関しては，農地その他の地域資源を集約し，地域の拠点となる畜産経営を育成するとともに，それらの畜産経営が参画し，生産技術向上などの成果を地域に波及していくことが目的であり，地域としてサポートをすることで，家畜や農地，施設，技術などの地域の経営資源を集約化し有効活用することが期待されている．

　③労働負担の軽減では，作業の専業化や効率化を進め，経営の労働負担を軽減するとともに，生じた労働余力を活用して生産性を向上させることが目的となっている．地域としては，コントラクターや TMR センター，哺育・育成センターなどの外部支援組織を地域で設立・強化するとともに，その利用促進が期待されている．個別経営では，個々の畜産経営が搾乳ロボット，哺乳ロボット，飼料収穫機などの省力化機械を導入し，農協や試験場などの地域のサポートを受けて作業の効率化，新技術体系の確立や他農家の作業受託などの実施が期待されている．

　④の飼養規模の拡大，飼養管理の改善では，飼養規模の拡大や飼養管理方法の改善により，地域全体で生産量の増加，生産効率の向上を図ることが目的となっている．地域としては，CS や CBS，乳用種育成施設などの預託施設を農協などが整備し，育成牛などの預託を図るとともに，預託した農家の空きスペースを活用して増頭を行い，地域としての飼養頭数増頭を図ることが推進されている．他方，個別経営では，繁殖・肥育一貫経営や育成部門などの他部門への展開や大規模化などに対して，地域的なサポートによる飼養管理体系の確立，

表 5-2　畜産クラスターによる推進が期待される取り組み類型

期待される取り組み	取り組みの目的	取り組み類型
①新規就農の確保	・新規就農者を地域の担い手として積極的に受け入れ，地域への定着を図る ・新規就農者の利用により，離農跡地などの地域資源を有効に活用する	
②担い手の育成	・農地その他の地域資源を集約し，地域の拠点となる畜産経営を育成 ・拠点となる畜産経営が参画し，生産技術の向上などの取り組みを行い，その成果を地域へ波及	
③労働負担の軽減	・作業の専業化や効率化を進め，畜産経営の労働負担を軽減するとともに，生じた労働余力を活用して生産性向上を図る	共同型 個別経営型
④飼養規模の拡大，飼養管理の改善	・飼養規模の拡大や飼養管理方法の改善により，地域全体で生産量の増加，生産効率の向上を図る	共同型 個別経営型
⑤自給飼料の拡大	・自給飼料の生産・利用を拡大することにより，地域全体で生産コストの低減，高付加価値化，生産量の増大を図る	共同型 個別経営型
⑥畜産環境問題への対応	・家畜排せつ物の適正な利用，臭気対策などにより畜産環境問題を解決し，畜産経営の維持・安定や循環型社会の構築を図る	畜産環境問題解決型 耕畜連携型

資料：農林水産省（2015a）『畜産クラスターによる推進が期待される取組類型』を参考に筆者作成.

技術実証などを行い，地域が目指すモデル的な畜産経営の確立が望まれている.
　⑤自給飼料の拡大では，自給飼料の生産・利用を拡大することにより，地域全体で生産コストの低減，高付加価値化，生産量の増大を図ることが目的とし

主な取り組み内容	連携	
	中心的な経営体	構成員
○農協などが，離農者の畜舎などを補改修（あるいは新規に畜舎を整備）し，新規就農者に貸し付けるとともに，地域で新規就農者の経営確立を支援．離農跡地などが新規就農者に円滑に承継される仕組を構築 ○新規就農者は，農地や畜舎などの地域資源を有効活用（初期負担の軽減）するとともに，地域の支援を受けて，技術などを習得	新規就農者	市町村 農協 コンサル など
○拠点となる畜産経営（個別経営，協業法人など（中心的な経営体））の規模拡大などを地域としてサポートし，家畜や農地，施設，技術などの地域の経営資源を集約化し有効活用 ○拠点となる畜産経営が参画した生産技術の向上，人材育成などの取り組みによる成果を地域へ波及	畜産経営	市町村 農協 研究機関 コンサル など
○外部支援組織（コントラクター，TMR センター，哺育・育成センターなど）を地域で設立・強化し，その利用を促進することにより，畜産経営の労働負担を軽減 ○畜産経営は，生じた労働余力を飼養管理などに集中することにより生産性を向上	外部支援組織	畜産経営 研究機関 農協 市町村 など
○個々の畜産経営が省力化機械（搾乳ロボット，ほ乳ロボット，飼料収穫機など）などを導入し，農協や試験場などの地域のサポートを受けて作業の効率化，新しい技術体系の確立や他農家の作業受託などを実施 ○当該経営をモデルとして省力化機械の普及を図る取り組みを地域として推進	畜産経営など	農協 市町村 研究機関 機械メーカー など
○農協などが預託施設（キャトル・ステーション（CS），キャトル・ブリーディング・ステーション（CBS），乳用種育成施設など）を整備し，育成牛などの預託 ○預託した農家は空きスペースを活用し増頭するとともに，地域として飼養頭数規模を拡大	預託施設など	畜産経営 農協 研究機関 獣医師 など"
○繁殖・肥育一貫経営や育成部門などの他部門の開始，および大規模化の実施 ○地域的なサポートにより，飼養管理体系の確立，技術の実証などの実施，地域への普及	畜産経営	市町村 農協 研究機関 コンサル など
○飼料生産組織による飼料収穫機械の導入，飼料保管・調製・貯蔵施設などの整備，自給飼料生産の拡大・高品質化	飼料生産組織	市町村 農協 畜産経営 研究機関 飼料メーカー など
○畜産経営は他の農家などと，①農地の集約化，②植生改善，③飼料用米や未利用資源の供給・利用などにおいて，連携を行い，自給飼料生産・利用を拡大 ○畜産経営は，自給飼料の利用拡大により，低コスト化，高付加価値化，畜産物生産を拡大	畜産経営など	市町村 農協 畜産経営 耕種農家 研究機関 など
○臭気問題などの環境問題が発生している畜産経営において，移転の円滑な実施，臭気対策，汚水処理などの施設・技術の活用などによる環境問題の解決 ○継続的な環境対策の実施，地域貢献を通じて，畜産経営を維持・拡大	畜産経営	市町村 農協 環境アドバイザー 研究機関 など
○飼料利用や畜産物の加工品製造により，循環型畜産体制を構築するとともに，畜産物の高付加価値化を推進	畜産経営など	市町村 農協 畜産経営 耕種農家 研究機関 など

て掲げられている．地域では，飼料生産組織が飼料収穫機械の導入，飼料保管・調製・貯蔵施設などの整備を行うことで，自給飼料の生産拡大，高品質化が望まれている．個別経営では，農地の集約化や植生改善，飼料用米や未利用資源の供給・利用などにおいて，耕種農家との連携を図ることで，自給飼料生産・

利用拡大に取り組み，それらを通じて，低コスト化，高付加価値化，畜産物生産の拡大などを実現することが期待されている．

　⑥畜産環境問題に関しては，家畜排せつ物の適正な利用，臭気対策などにより畜産環境問題を解決し，畜産経営の維持・安定や循環型社会の構築を図ることが目的である．臭気問題などの環境問題が発生している畜産経営においては，移転を円滑に実施すること，臭気対策，汚水処理などの施設・技術活用などによる問題解決のほか，継続的な環境対策の実施，地域貢献を通じて，畜産経営の維持・拡大を図ることが期待されている（畜産環境問題解決型）．また，畜産経営が生産した堆肥の耕種農家への還元，および耕種農家で生産された飼料利用や畜産加工品製造などによる循環型畜産体制を構築することで，畜産物の高付加価値化を推進することが期待されている（耕畜連携型）．

　さらに，畜産クラスターでは，「地域で支える畜産」および「畜産を起点とした地域振興」の両面からの取り組みの推進が掲げられている．前者の「地域で支える畜産」に関しては，近年，耕畜連携，地域特産品を活用した特色のある畜産物の生産，外部支援組織との分業化，農協などの出資による地域の生産拠点や研修センターの設立などが進められていることを背景に，地域の畜産農家と関係者とが連携・協力することで，地域全体で畜産の収益性を向上させることが期待されている．後者の「畜産を起点とした地域振興」に関しては，酪農および肉用牛生産の振興は，関連産業の発展などを通じて地域の雇用や所得の創出に資するものであり，同時に地域資源の有効活用により，農村景観の改善や魅力的な里づくりなどに結び付くことが期待されている．また，畜産クラスターの取り組みを活用し，地域の雇用，就農機会の創出，農村景観の改善を図るとともに，生産者と地域・都市住民との交流を通じて，地域のにぎわいを創出することも期待されている．

（4）基本方針・畜産クラスター実施による成果

　基本方針および畜産クラスターの実施により，いくつかの成果が見られるようになってきている．畜産統計（農林水産省 2018b）における家畜の飼養状況[4]をみると，酪農生産における飼養頭数は，ここ10年間，毎年2%程度減少していたが，2018年には16年ぶりに増加した．1戸当たり経産牛の飼養頭数に関しては，この10年間で10頭程度増加しており，大規模化が進展している．他

方，肉用牛生産に関しては，繁殖雌牛の飼養頭数は，2010 年以降減少傾向で推移していたが，2016 年からは増加に転じている．また，肥育牛の飼養頭数は，繁殖雌牛と同様に 2010 年以降，減少傾向で推移していたが，2016 年は増加に転じ，その後増加傾向で推移している．肉用牛生産においてもこの間，1 戸当たり飼養頭数は増加傾向で推移しており大規模化が進んでいる．

3. JA 菊池における家畜生産の取り組み

(1) JA 菊池の家畜飼養状況

　JA 菊池管内は，熊本県の中でも畜産経営が多い地域である．表 5-3 は，JA 菊池管内における酪農および肉用牛肥育の飼養状況を示したものである．酪農の飼養状況をみると，この 10 年間，戸数は一貫して減少し続けている．同様に，経産牛の飼養頭数も 2008〜2014 年にかけて増減を繰り返しながらも減少傾向にあった．しかし，2014〜2015 年にかけての飼養頭数は，後述するように，さまざまな事業実施や取り組みなどにより，経産牛は 8,390 頭から 9,018 頭へと大幅な増加をみせた．2016 年は熊本地震の影響により飼養頭数が減少したが，2017 年には 9,000 頭台へ回復し，現在は 9,127 頭となっている（2019 年時点）．

　また，肉用牛肥育の飼養状況をみると，農家戸数は 2008 年の 99 戸から減少傾向で推移し，2018 年は 75 戸となっている．肥育牛の販売頭数に関しては，2008 年（1 万 5,221 頭）から 2009 年にかけて増加したが，その後は一貫して減少し続けており，2018 年には 1 万頭を下回る 9,975 頭となっている．その結果，1 戸当たりの平均販売頭数は，2010 年は最大 162.1 頭であったが，現在では 133 頭と，ここ 10 年で最も少ない頭数となっている．また，黒毛和種の肥育頭数に関しては，2008 年の 7,505 頭から 2016 年の 4,319 頭まで減少している．その後，2017 年には 4,401 頭へと若干の増加をみせたが，農家の離農により再び肥育頭数は減少に転じている．

(2) JA 菊池における畜産クラスターの取り組み

　図 5-1 に示すように JA 菊池における畜産クラスターは 3 つの部会で構成されている．肉牛作業部会では，新たな繁殖基盤としてのもと牛供給体制の取り組みが掲げられており，黒毛和種肥育もと牛を年間 500 頭出荷することを目標と

表 5-3　JA 菊池管内における家畜飼養状況

経営形態		2008 年	2009 年	2010 年	2011 年
酪農	戸数（戸）	186	185	181	180
	経産牛頭数（頭）	8,916	8,420	8,233	8,227
	平均経産牛頭数（頭/戸）	47.9	45.5	45.5	45.7
肉用牛肥育	戸数（戸）	99	96	94	93
	肥育販売頭数（頭）	15,221	15,332	152,33	14,370
	平均販売頭数（頭/戸）	153.7	159.7	162.1	154.5
	黒毛肥育頭数（頭）	7,505	7,174	6,906	6,740

資料：JA 菊池資料（2018）『平成 29 年度　菊池地域畜産クラスター協議会検討会資料』より筆者作成.
注 1：販売頭数および飼養頭数実績は 2016 年度までの実績および畜産統計から算出. 2017 年度からの飼養頭数は肥育販売頭数から前 3 ヶ年平均をもとに算出した.

している. 2014 年度に畜産クラスター事業の計画を立ち上げ，翌年には，酪農家会員のグループ会社である(株)アドバンスが育成牧場建設に着手し，2016 年 4 月より事業の運営を開始している. 現在のところ，熊本地震の影響や肥育もと牛の初回出荷までに長期間の時間を要することなどにより，当初の出荷目標には届いていないが，同社による子牛生産の安定化や CBS の完成など，当該地区における肥育もと牛供給の体制は整いつつある.

　酪農作業部会においては，酪農経営における飼養管理の効率化への取り組みが掲げられており，年間出荷乳量 7 万 2,000t が目標となっている. 2014 年の畜産クラスター事業により，施設整備を行った経営や CBS に乳用牛を預託している酪農家において規模拡大が図られたこと，2013 年 10 月以降，収益性が改善されたことに伴い，生乳生産意欲が高まったことも影響し，当初の目標をすでに達成した. 現在は 8 万 t 近くまで出荷量は増加したため，生乳出荷の目標を 8 万 2,000t へと上方修正することとなり，予想を上回るペースで事業が進行している. ただし，肉用牛経営および酪農経営においては従事者が高齢化しているため，体力的な理由により離農していくことが予想される. 今後は，いかに新規就農者を確保し，地域の生産基盤の安定化を図っていくかが重要な課題となっている. そのためには，搾乳ロボットなど新技術の導入や生産コスト削減のために ICT の活用を推進していくことが重要であるといえる.

　自給飼料作業部会では，2010 年にトウモロコシの価格高騰などにより配合飼料価格が高騰するなか，国産飼料を基軸とした畜産システムの確立が急務とな

2018 年 3 月現在

2012 年	2013 年	2014 年	2015 年	2016 年	2017 年	2018 年
176	161	162	155	157	148	148
8,311	8,306	8,390	9,018	8,894	9,011	9,127
47.2	51.6	51.8	58.2	56.6	60.9	61.7
89	86	83	80	77	77	75
14,264	13,639	12,510	11,566	10,875	10,362	9,975
160.3	158.6	150.7	144.6	141.2	134.6	133.0
6,474	6,224	5,460	5,096	4,319	4,401	4,237

JA菊池畜産クラスター協議会

肉牛作業部会	酪農作業部会	自給飼料作業部会
新たな繁殖基盤 素牛供給体制の取り組み	酪農経営における飼養 管理効率化への取り組み	効率的な飼料収穫 体系の取り組み
構 成 員 事務局　JA菊池 JA菊池肉牛酪農部会 JA菊池肥育用素牛育成部会 JA菊池一貫繁殖牛部会 JA菊池酪農部会 (株)アドバンス 熊本県経済農業協同組合連合会 熊本県酪農業協同組合連合会 菊池市，合志市，大津町，菊陽町	構 成 員 事務局　JA菊池 JA菊池酪農部会 (株)アドバンス (農)ワールド 熊本県酪農業協同組合連合会 各種法手続に関する助言 菊池市，合志市，大津町，菊陽町県北広域本部	構 成 員 事務局　JA菊池 JA菊池肉牛酪農部会 JA菊池肥育用素牛育成部会 JA菊池一貫繁殖牛部会 JA菊池酪農部会　コントラクター3組織 (株)アドバンス，(農)ワールド 熊本県経済農業協同組合連合会 熊本県酪農業協同組合連合会 各種法手続に関する助言 菊池市，合志市，大津町，菊陽町

黒毛和種肥育素牛
500頭/年　出荷

年間出荷乳量
72,000t

飼料作付面積
100ha増加

図 5-1　JA 菊池畜産クラスター協議会における組織構成と計画目標
　　　資料：JA 菊池資料（2018）「平成 29 年度　菊池地域畜産クラスター協議会検
　　　討会資料」より筆者作成.

ったため,効率的な飼料収穫体系の取り組みが柱の1つとして掲げられており,管内における飼料の作付面積を100ha増加させることが目標となっている.現在は酪農家の規模拡大により,飼料作付面積は拡大傾向にある.またその他に,作業請負組織の運営体制が整ったこと,畜産クラスターのリース事業により飼料収穫機械が導入されたことなどによって,作付面積は76ha増加した[5].しかし,飼料の作付面積の拡大に伴う労働力の確保や規模拡大に応じた機械導入が今後の課題となっている.

4.　JA菊池における畜産クラスターの取り組み

(1)　CBS設立の経緯

　JA菊池管内は,県内肥育牛生産の40%を占める一大肥育地帯である.しかし,肥育もと牛の一部は他県に依存する現状にある.先述したように,肥育もと牛は全国的に不足している.当該地域においても同様であり,この数年,繁殖雌牛の飼養頭数の減少により,子牛価格は急騰し,肥育農家の経営を圧迫している.

　こうしたもと牛供給が不足している状況に対応するため,JA菊池では繁殖基盤の強化に努めており,元々0頭であった繁殖雌牛を約4,100頭まで増頭させてきた.しかし,管内で必要となる黒毛和種の肥育もと牛は約5,000頭であり,肥育もと牛は供給不足の状態が続いていた.JA菊池では繁殖農家で繁殖雌牛の増頭や肥育農家に繁殖部門を導入する一貫経営などを推進してきたが,もと牛価格の高騰などの環境変化が重なり,個別経営および市場などの導入による対応は極めて困難な状況であった.

　そこで肉用牛の定量出荷の安定供給体制の構築,管内酪農家の規模拡大などによる乳用牛育成に対する労働負担軽減,乳用育成牛への黒毛和種受精卵の移植による肥育もと牛の供給体制の確立などにより,乳用牛および肉用牛の生産拠点を創出することを目的とするCBSが設立された[6].

(2)　CBSの概況と事業フロー

　JA菊池のCBS(所在地は菊池市泗水町豊水)は,畜産クラスター事業「平成28年度畜産・酪農収益力強化整備等特別対策事業」を利用し設立された.総額

表 5-4　CBS における主要施設

【施設内容】

家畜飼養管理施設

施設名		床面積
乳用牛育成舎	1 棟	1,753.50m²
繁殖母牛舎	2 棟	2,530.00m²
分娩舎	1 棟	414.00m²
子牛ゲージ	1 棟	124.00m²
哺育舎	2 棟	248.00m²
外部馴致舎	1 棟	148.80m²
外部哺育舎	3 棟	446.40m²
キャトル育成舎	4 棟	2,476.80m²
隔離舎	1 棟	70.00m²

その他関連施設

管理棟	104m²
粗飼料倉庫	675m²
飼料原料保管施設	200m²
堆肥舎	1,600m²
集出荷棟	180m²
車両消毒施設	40m²
洗浄場	240m²
貯水槽	100t
研修棟	110m²

資料：JA菊池資料（2017）「JA菊池キャトルブ
　　　リーディングステーション」より引用．

約 9 億 5,000 万円の事業費をかけて整備し，事業の核となる馴致（じゅんち）舎，乳用牛育成舎，繁殖母牛舎，分娩舎，哺育舎のほか，生産者より子牛を預かり管理・育成を行うキャトル育成舎などが建設され，その総面積は約1.1haである（表5-4）．

　CBS では，常時 850 頭の飼養が可能であり，5 台の哺乳ロボットや自動給餌機の導入などにより労働力の軽減を図っている．また，分娩時などの事故防止や効率化のために，温度センサーで分娩や発情を監視する牛温恵や首に装着したセンサーで発情や病気を早期に発見する発情発見器などが整備されている．その他，CBS には隣接した畜産関連研修施設として「農業次世代人材投資事業・準備型（旧青年就農給付金）」対象の機関であり，研修施設も併設しており，後継者，新規参入者の研修施設としても利用できるようになっている．さらに，農場 HACCP 認証取得に向けた取り組みも行っている[7]．

　人員体制に関しては，職員 4 名，嘱託職員 3 名，パート 5 名の 12 名の他に，

業務委託を行っている獣医師1名の体制となっている．乳用牛育成舎では1～2名の職員が配置され，入牧，受精卵移植（以下，「ET」と記す）や人工授精（以下，「AI」と記す）を含む繁殖管理，体測，入退牧の業務を担当している．繁殖母牛舎では，ETやAIを含む繁殖管理，繁殖雌牛の導入，分娩，体測を行っている．肥育もと牛の管理に関しては，3～5名で育成牛の導入，外部馴致，育成舎での飼養，もと牛の出荷などの業務を担当している．衛生管理に関しては，常駐の獣医師1名と外部関係団体の獣医師，家畜人工授精師が担っており，薬品管理，繁殖雌牛の検診，治療，防疫，ワクチン接種などを行っている．その他，衛生・防疫に関しては，毎日の消毒，各牛舎における除ふん作業，堆肥の切り返しなどを2～3名で担当している．圃場管理・施設内管理に関しては，2～3名の職員が配置されており，飼料作付や収穫などの作業を行っている．

　従業員は毎日，午前7時45分には牛舎を巡回し，前日から牛の変化や異常の有無の見回りを行う．その後，午前8時15分ごろからミーティングを行い，1週間のスケジュールの確認，飼養牛の健康状態や問題点などについて話し合い，CBS全体での情報共有に努めている．その後の作業は，各牛舎の部門担当に任せているが，体重測定の場合は，人手が必要なため，従業員総出で協力している．また，分娩時にはスマートフォンにインストールしている牛温恵のアプリから連絡が届くようになっている．妊娠後期の牛は分娩予定日の30日前より夕方1回の給餌へ切り替えることで，約8割が昼に分娩をするようになったため，夜間に立ち会う必要がなく，分娩事故も減った．

　CBS設立時における事業フローは図5-2に示す通りである．CBSの当初の事業では，JA菊池管内の酪農家から母牛となる乳用預託牛を最大240頭預かり，CBSでETを行い，黒毛和種140頭の子牛を生産する計画である．酪農家から受託する乳用牛の管理費は1日当たり700円程度である．なお，受胎が確認された乳用牛は，酪農家に戻され，生まれてきた子牛は生後1週間程度でCBSが酪農家から買い取る．買取価格はスモール牛（3，4カ月齢）の市場相場を参考にした価格設定となっている．なお，これら受精卵や取引後の管理にかかる費用はJAが負担している[8]．

　また，JAが所有している繁殖雌牛200頭からAIによる黒毛和種を180頭生産し，合計320頭の子牛をCBSで飼育する．その他に，㈱アドバンスからの預託により，ETによる黒毛和種180頭を生産し，CBSで飼養する．ここでの受

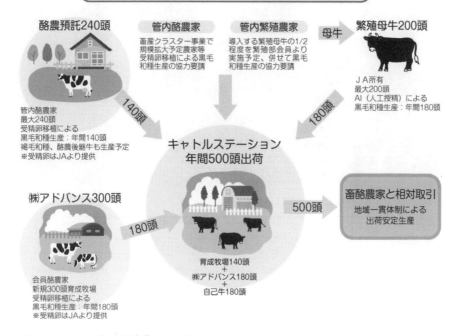

図 5-2　CBS における事業フロー図
　　　　資料：JA 菊池資料（2017）「JA 菊池キャトルブリーディングステーション」
　　　　より引用.

精卵に関しても JA が費用を負担している．これら 3 つのルートにより黒毛和
種の子牛を生産・育成し，数年後に年間最大 500 頭出荷する計画である．

　また，図 5-3 は，CBS における家畜飼養の流れを，図 5-4 は CBS の施設内マ
ップを示したものである．生後 1 日齢から 15 日齢までは，外部馴致舎で飼養さ
れる．ここでは，管内で預託を行っている酪農家から買い取られた子牛など，
最大 20 頭の飼養が可能となっている．その後，外部哺育牛舎へ移り 90 日齢ま
で飼養される．約 300 日齢までは，キャトル育成舎で飼養される．ここで飼養
された子牛は，管内の農家へ相対取引で販売される．もと牛の供給価格は，直
近の熊本県もと牛市場における去勢牛および雌牛の平均価格を参考に設定して
いる．

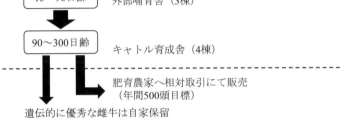

●子牛もと牛供給事業

●預託事業

図 5-3　CBS における家畜飼養の流れ
資料：聞き取り調査を基に筆者作成.

(3) CBS における家畜の飼養状況

　以下では，CBSにおける家畜の飼養状況に関して，先に示した酪農預託部門，繁殖雌牛部門，肥育部門および飼料生産部門に関する取り組みの実態と課題についてみていく.

　第1に，酪農預託に関しては，CBSが開始されたころは2，3戸の預託で始まった. 現在では，CBSの日常業務に理解を示す酪農家が増えたことや，畜産クラスター事業により飼養頭数を拡大した農家において育成牛が増頭したため，20戸の預託農家からの乳用育成牛221頭（2019年1月10日現在）を受託するまでに広がった. なお，預託農家の多くは畜産クラスター事業を利用し飼養頭数拡大をした農家である. 1戸当たりの預託頭数は10数頭であるが，最も多いところで30頭の預託を行っている. また，事業計画では最大240頭が目標頭数であるが，現在はその約9割が飼養されている. 乳用育成牛に関する繁殖成績は，2018年1〜3月のETによる受胎率は39%，1カ月当たりの分娩頭数は10〜15頭程度となっている.

　ETに関しては外部の家畜人工授精師などが行っていたが，当初はCBSの乳

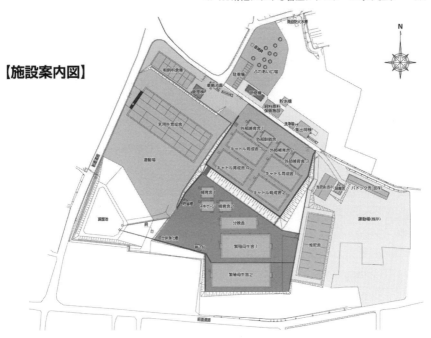

【施設案内図】

図 5-4　CBS の施設内マップ
資料：JA 菊池資料（2017）「キャトルブリーディングステーション」より引
用.

牛の性格や特徴をつかみ切れていなかったことが影響し，低い受胎率であった．その後，全農などによる定期的な同期化計画を実施した結果，4〜9 月末までの黒毛和種の受胎率は 65%まで向上した．目標である 70%以上は達成間近となっており，毎月のヌレ子確保が実現化されつつある．なお，ホルスタイン雌牛における AI の受胎率は約 86%となっている．

　また，協力育成牧場である㈱アドバンスとの関係をみると，CBS 設立当初はヌレ子の取引に関していくつか課題を抱えていた．第 1 に，受胎し，分娩した後のヌレ子買取の価格が折り合わなかったことである．第 2 に，分娩後の病気や事故などにおけるリスク負担の問題である．ヌレ子の引き取り（集畜）が毎週月曜日に行われていたため，生後 7〜15 日齢での引き取りとなっていた．現在では，双方におけるヌレ子の受け入れ体制が整備され，生後 0〜3 日齢での引き取りが行われており，買取価格にも折り合いがついている．なお，ET に関しては預託農家と同様 2 回までは CBS の負担となっている．

　第 2 に，繁殖雌牛に関しては，現在自己所有牛 170 頭（2019 年 1 月 10 日現在）が飼養されており，計画での飼養頭数 200 頭の約 8 割強が飼養されている（黒毛和種が約 97%，F_1 が約 3%）．導入牛は，管内や熊本県の家畜市場が大部分を占めているが，その他に宮崎県や鳥取県などからも導入している．もと牛自体が不足していることや子牛価格が高騰しているため，当初の計画通りに導入が進んでいない．こうした不足分は，現在，JA 菊池管内の初妊牛において交雑種を導入することや CBS で飼養していた雌牛の自家保留で補っている．繁殖状況に関しては，AI による受胎率は 4〜8 月末までで 61% となっており，今後 70% 以上を目標としている．また，2019 年 4〜9 月末までの分娩頭数は 27 頭となっている．今後は，計画的な交配の実施により回転率を向上させ，子牛の生産基盤を確立していくことが期待される．

　第 3 に，肥育もと牛に関しては，生後 91 日齢までの牛が 42 頭（CBS 外部でのヌレ子 29 頭，CBS 内部でのヌレ子 13 頭），91〜300 日齢の牛が 52 頭（CBS 外部でのヌレ子 36 頭，CBS 内部でのヌレ子 16 頭）の計 94 頭を飼養している．現在の問題は，馴致舎において生後 0〜100 日齢までの牛に下痢などが発生した場合，哺育舎へ移動する日齢となっても他の子牛への感染を防ぐ観点から回復するまでの間，馴致舎の個別ケージで飼養されるため密飼い状態となり，スムーズな飼養管理の妨げになることである．これは，馴致舎では最大 20 頭までしか飼養できないため，下痢などが発生すると外部から子牛の受け入れが困難となるためである．こうした要因は飼養環境が変化するなどの影響が大きいといえる．特に飼養環境変化に関しては，CBS 設立当初の計画では，生まれてきた子牛の引き取りは 1 週間に 1 回であったが，生後 0〜3 日齢の引き取りとなったことが影響したと考えられる．なお，引き取りに関しては，分娩が毎月 30〜40 頭であるため，ほぼ毎日の集畜となっている．今後，計画当初の肥育もと牛 410 頭を達成するためには，CBS での育成牛・繁殖雌牛の飼養頭数を増加させ，CBS 内での繁殖実績を向上させることが必須である．また，年間 500 頭を出荷していくためには，1 カ月当たり 40 頭の分娩頭数が必要となる．現在，目標達成が可能な飼養環境が整いつつあるが，今後は繁殖雌牛の自家保留によって頭数を確保していくことも重要である．

　最後に，飼料生産についてみていく．現在，JA 菊池では，保有している飼料畑 8ha で粗飼料の生産を行っており，給与飼料の 2 割を賄っている．飼料生産

に関しては，イタリアンライグラス 8ha および夏牧草を 8ha それぞれ 2 回転作付しており，延べ面積としては 32ha となっている．購入飼料に関しては，系統配合飼料や乾牧草，わら，TMR などである．また，家畜ふん尿の処理に関しては，1 週間に 1 回以上，各牛舎から堆肥舎へ搬出を行っている．そこで処理された堆肥は，JA が所有している牧草地へ還元している．

5. おわりに

　本章では，前半部分では，畜産クラスターの概要について整理を行い，後半部分では，JA 菊池における畜産クラスターおよびそれに基づく CBS の取り組みについての実態について明らかにしてきた．CBS 設立により，酪農生産においては，収益性が改善されたことや生乳生産意欲が高まったことが明らかとなった．また，畜産クラスター事業の利用により規模拡大が進んだことなどにより，当初の生乳出荷目標を達成するなどの成果がみられた．さらに，肉用牛生産においては，CBS の建設により，肥育もと牛供給のための生産基盤が整備されつつあり，数年後には黒毛和種肥育もと牛の出荷目標 500 頭を達成する見込みとなっており，畜産地帯における生産基盤の創出および強化が図られているといえる．

　なお，CBS としては，今後，ステーションとしての利益を追求するのではなく，管内の畜産農家が意欲的に家畜生産を行えるような環境を作っていくことが大切であると考えていた．育成した黒毛和種の子牛は市場出荷するのではなく全頭管内の肥育農家に供給することで，地域内一貫体制による黒毛和種子牛の出荷安定生産を目指している．これらの事業が軌道に乗れば，黒毛和種のみならず褐毛和種や酪農家のための乳用後継牛の生産につなげていきたいとの意向を示していた．

　以上のように本事例は，畜産クラスターを活用し，肥育もと牛供給のための生産拠点を形成するとともに，JA 管内における競争力強化が図られていた．その中心となっているのが CBS である．建設して間もないこともあり，さまざまな課題もあるが，現在では，それらの課題を克服しつつ，設立当初の目標達成に向けた取り組みの強化を図っている．今後の JA 菊池および CBS の展開が期待される．

注

1) 繁殖雌牛の分娩・種付けや子牛の哺育・育成を集約的に行う組織（農林水産省 2018a）．

2) 本章における事例調査は，2018 年 10 月に行った．

3) 繁殖経営で生産された子牛の哺育・育成を集約的に行う組織であり，繁殖雌牛の預託を行う場合もある（農林水産省 2018a）

4) 乳用牛の飼養頭数は，2008 年の 148 万 4,000 頭，2017 年には 132 万 3,000 頭まで減少したが，2018 年には 132 万 8,000 頭へと増加した．繁殖雌牛の飼養頭数は，2008 年には 68 万 4,000 頭であったが，2015 年には 58 万頭まで減少した．その後，増加しており，2018 年は 61 万頭となっている．肉用種における肥育用牛の飼養頭数は，2008 年は 84 万 4,000 頭であったが，2016 年には 72 万頭まで減少した．しかし，その後は増加に転じ，2018 年は 73 万 7,000 頭となっている．

5) ここでの作付面積は，イネ WCS（稲発酵粗飼料）や飼料用米を含まない数値である．

6) なお，JA 菊池管内における繁殖雌牛頭数の実情について，平田（2018）は，「平成 11 年の専門部会設立以来，繁殖牛頭数は加速度的に増加していくことになる．結果，専門部会発足当時，部会員 30 名，繁殖牛飼養頭数 736 頭，一戸当たり飼養頭数 24.5 頭であったものが，平成 29 年度では，部会員 99 名，繁殖牛飼養頭数 4773 頭，一戸当たり飼養頭数 48.2 頭（熊本県平均 16.5 頭）の実績となった」と整理している．

7) その後，2019 年 10 月 7 日に農場 HACCP の認証を取得した（くまもと経済 2019）．

8) ET は 2 回まで JA が負担する．その後の受精に関しては農家の判断に委ねている．

引用文献

くまもと経済（2019）「乳用・肉用牛の生産施設で HACCP 認証を取得……JA 菊池」，http://www.kumamoto-keizai.co.jp/content/asp/week/week.asp?PageID=3&Kkiji=20703&Knum=58&tpg=1（2020 年 11 月 27 日参照）
JA 菊池資料（2017）「JA 菊池キャトルブリーディングステーション」．

JA 菊池資料（2018）「平成 29 年度　菊池地域畜産クラスター協議会検討会資料」.
農林水産省（2015a）「畜産クラスターによる推進が期待される取組類型」, https://www.maff.
　　go.jp/j/chikusan/kikaku/lin/attach/pdf/l_cluster_27_kura-62.pdf(2020 年 11 月 25 日参照).
農林水産省（2015b）「酪農及び肉用牛生産の近代化を図るための基本方針－地域の知恵
　　の結集による畜産再興プラン－『人・牛・飼料の視点での基盤強化』」, http://www.maff.
　　go.jp/j/chikusan/kikaku/lin/pdf/rakuniku_kihon_hoshin_h27.pdf(2018 年 12 月 14 日参照).
農林水産省（2015c）「酪農及び肉用牛生産の近代化を図るための基本方針－用語集－」,
　　http://www.maff.go.jp/j/chikusan/kikaku/lin/l_hosin/pdf/rakuniku_yougosyu.pdf（2018 年
　　11 月 14 日参照）.
農林水産省（2018a）「平成 29 年度食料・農業・農村白書」, http://www.maff.go.jp/j/wpaper/w_
　　maff/h29/h29_h/trend/part1/pdf/c6_0_00.pdf（2018 年 11 月 14 日参照）.
農林水産省（2018b）『平成 30 年　畜産統計』農林統計協会.
平田真悟（2018）「JA 菊池における畜産経営新規就農への取り組みについて」『畜産コン
　　サルタント』54（646）: 49-53.

第6章　大手乳業メーカーにおける酪農生産とクラスター形成

1. はじめに

　中国は 1978 年の改革開放以降，急速な経済発展による生活水準の向上や食生活の多様化，都市部を中心とした牛乳および乳製品の消費増大により，酪農・乳業生産が著しい成長をみせている．その背景には，中国政府による政策の実施が挙げられる．1980 年以降，酪農・乳業生産は国家経済の発展推進のための重要産業と位置づけられた．1989 年には，国家評議会は，酪農・乳業を国家経済の発展を推進するための重要な産業として位置づけ，融資，技術，インフラ支援などの政策を実施した．また 1997 年には，国務院は牛乳の飲用による国民の健康増進を図ることを目的に「全国栄養改善計画」を公表し，酪農・乳業を重点的発展産業とした．さらに，2000 年には小・中学生に対する牛乳の摂取を促進し，身体の発育・発達と牛乳・乳製品の消費拡大を図るため「学生飲用乳計画」を実施した．これらの産業支援策により，牛乳・乳製品は国民生活に浸透することとなり，中国の酪農・乳業はこれまで以上に飛躍的に成長を遂げることとなった（長谷川・谷口 2010）．そのなかでも著しい成長をみせたのが内モンゴル自治区（以下，内モンゴルと記す）である．

　ところが，急速な成長を見せていた中国の酪農・乳業であったが，2008 年に中国全土を揺るがす事件となった「メラミン混入粉ミルク事件（以下，メラミン事件と記す）」により事態は急変した．メラミン事件では，乳幼児に大きな被害をもたらし，中国国土で 5.4 万人以上，少なくとも 5 人が死亡した．また，中国最大手の乳業メーカーである内蒙古伊利実業集団股份有限公司」（以下，伊利と記す）や内蒙古蒙牛乳業（集団）股份公司（以下，蒙牛と記す）でも微量のメラミンが検出され，乳業メーカーの品質管理の甘さが浮き彫りとなった．

　中国政府は，メラミン事件が零細農家からの集乳システムに問題があったと考えており，飼養頭数の拡大を促進し，品質・安全性を確保することを積極的に促すことで問題の解決にあたった．また乳業メーカーでは政府の意向を受け，個別経営からの集乳ではなく，直営農場からの生乳調達率を高める動きが加速

することとなった.

　他方, 失墜した中国全土の消費者の信頼を取り戻し, 安全・安心な酪農生産を行うために, 国内での対策として, 規模に応じた中長期的な支援策や食品の安全確保に対する取り組みを実施するようになった. 例えば, 中国乳業協会は「乳品品質安全工作の強化に関する通知」を発表, 国務院も「乳品質安全監督管理条例」を公布するなど, 禁止薬物, 添加剤の使用禁止, 搾乳ステーションでの牛乳検査, 乳製品加工企業での原料乳検査など, 安全性確保のための体制強化が図られることとなった（北倉ら 2009）.

　乳製品に関する安全問題とその原因については, 食品安全の問題は単なる食品自体の問題ではなく, 酪農家に関わる諸問題（例えば, 乳牛の飼育, 飼料, 防疫など）, 搾乳ステーションに関わる問題（例えば, 牛乳の購入検査, 運送など）と加工企業に関わる諸問題とがトータルに関連する問題である（達古拉 2014）. 近年では, こうした問題に対応するために, 酪農生産に携わる多様なステークホルダーが有機的に連携を図り, クラスターを形成することで安心・安全な酪農生産および乳製品製造に取り組む動きが加速してきている.

　そこで本章では, 中国最大の酪農生産地域である内モンゴルに焦点を当て, 内モンゴルにおける酪農生産の特徴を明らかにしたうえで, メラミン事件を契機とした乳業メーカーの新たなクラスター形成の展開について検討することを目的とする. 以下, 次節では, 中国内モンゴルにおける酪農生産の動きおよび特徴について整理する. 第3節では, 内モンゴルの酪農・乳業の取引形態を明らかにする. 第4節では, メラミン事件を契機とした乳業メーカーのクラスター展開について検討する. 最後, 第5節では, 本章のまとめとして今後の内モンゴル酪農生産の課題について述べる.

2. 内モンゴルの酪農生産

(1) 内モンゴル酪農生産の概況

　表6-1 は, 内モンゴルにおける酪農生産の概況を示したものである. 内モンゴルにおける農業生産額は, 2000年に543.2億元であったが2014年には2,779.8億元へと5倍以上に増加している. 畜産物に関しては, 2000年は205.5億元であったが, 2014年には1,205.7億元へと増加している. また, 生産額に占める

表 6-1　内モンゴルにおける農畜産物生産の推移

	(単位)	2000 年	2005 年	2006 年	2007 年
農業生産額	(億元)	543.2	980.2	1058.5	1276.4
畜産物生産額	(〃)	205.5	444.6	439.2	559.7
畜産物生産額比率	(%)	37.8	45.4	41.5	43.8
家畜飼養頭数　牛	(万頭)	351.6	576.4	630.9	617.4
（年末頭数）　豚	(〃)	738.3	738.7	750.4	636.4
山羊	(〃)	1304.3	1711.0	1862.2	2237.9
綿羊	(〃)	2247.3	3709.0	3732.3	2825.4
生乳生産量	(万 t)	83.0	696.9	877.5	916.1
乳用牛のみ	(〃)	79.8	691.0	869.2	909.8
食肉生産量　豚肉	(〃)	76.6	87.6	95.6	60.3
牛肉	(〃)	21.8	33.6	38.2	39.4
羊肉	(〃)	31.8	72.7	81.0	80.8

資料：中国国家統計局『中国統計年鑑』各年次より筆者作成.

　畜産物の比率は，2000 年の 37.8％であったが，2009 年にピークの 45.9％にまで増加し，以降 43.4〜45.7％の水準で推移している.

　家畜の飼養頭数を見てみると，牛の飼養頭数の推移は，2000 年は 351.6 万頭であったが，2008 年にはピークの 688.0 万頭へと増加した. その後，メラミン事件の影響などにより減少傾向にあり，2014 年は 630.6 万頭となっている. 豚は，2006 年までは 700 万頭台で推移していたが，2007 年以降，600 万頭台へと減少し，2014 年には 669.4 万頭となっている. 山羊は，2014 年は 1,553.1 万頭となっており，2007 年のピーク時（2,237.9 万頭）の約 7 割まで落ち込んでいる. 綿羊は 2000 年以降，増加傾向にあり，2006 年にピーク（3,732.3 万頭）となったが，2007 年に大幅に減少した. 2008 年以降は，増加傾向にあり，2014 年は 4,016.2 万頭となっている. 山羊や綿羊の推移に関しては，2000 年以降に実施された「退耕還林・還草」政策などの環境保全政策により，家畜の飼養頭数が制限されていることも飼養頭数に影響を及ぼしている.

　また，生乳生産量を見てみると，2000 年には 83 万 t であったが，その後増加傾向で推移し，2008 年にはピークの 912.2 万 t となった. しかしその後は，メラミン事件の影響により減少し，2014 年は 797.1 万 t と事件発生時の水準には回復していない.

　表 6-2 は，中国における主要酪農生産地域である内モンゴル，黒龍江省および河北省における乳用牛飼養農家数および飼養頭数について，飼養頭数規模別

2008 年	2009 年	2010 年	2011 年	2012 年	2013 年	2014 年
1525.7	1570.6	1843.6	2204.5	2449.3	2699.5	2779.8
699.6	721.4	822.4	998.3	1118.9	1208.5	1205.7
45.9	45.9	44.6	45.3	45.7	44.8	43.4
688.0	663.9	676.5	634.5	625.0	612.4	630.6
644.4	683.7	684.4	684.2	693.8	684.5	669.4
1896.3	1991.9	1708.2	1706.1	1659.6	1511.9	1553.1
3228.9	3205.3	3569.0	3569.8	3484.4	3727.3	4016.2
921.2	934.1	945.7	931.4	930.7	778.6	797.1
912.2	903.1	905.2	908.2	910.2	767.3	788.0
64.7	68.6	71.9	71.3	73.9	73.4	73.3
43.1	47.4	49.7	49.7	51.2	51.8	54.5
84.8	88.2	89.2	87.2	88.6	88.8	93.3

の生産構造を示したものである．以下では，まず，内モンゴルと酪農産地の特徴を概観し，その後，内モンゴルの酪農生産について述べる．

　各地域における農家数をみると，2002 年から 2009 年にかけて内モンゴルおよび黒龍江省で増加していたが，河北省では約 6 割の水準まで農家数が減少していた．また，2009 年から 2014 年にかけては，内モンゴルでは，2009 年水準の 2 割弱，黒龍江省で 8.5 割，河北省で 6 割強の水準まで農家数が減少していた．他方，2002 年と 2009 年の飼養頭数をみると，すべての地域において大幅に飼養頭数が増加していたが，各地域で増加傾向に相違がみられた．内モンゴルでは，すべての階層で増加していた．特に 100 頭以上の大規模層において著しい増加がみられた．黒龍江省では，2002 年の時点で，各層で相対的に多数の乳牛を飼養していたため，内モンゴルのように大幅な増加は見られなかったが，それでも 1.5〜3 倍前後の増加を示していた．河北省においては，零細・小規模層において飼養頭数の減少がみられたが，200 頭以上の層において飼養頭数が大幅に増加しており，その割合は全国水準を上回るものであった．

　次いで，内モンゴルにおける酪農生産構造を以下に示す．農家数は，先に述べたように 2002 年と比べて 2009 年では全ての階層において増加していた．それらの内訳をみると，2002 年は 1〜4 頭規模の農家数が全体の 81.2％を占めていたが，2009 年には 73.7％へ，2014 年には 57.2％へと大幅に減少していた．その一方で，増加をみせていたのが 100 頭以上の階層であり，農家数および飼

表 6-2　内モンゴルにおける乳牛飼養頭数規模別農家数・飼養頭数

		農家・牧場数						増加率 (2009/2002)	増加率 (2014/2009)
		2002		2009		2014			
		(戸数)	(%)	(戸数)	(%)	(戸数)	(%)		
内モンゴル	全体	198,994	(100.00)	489,465	(100.00)	97,816	(100.00)	2.46	0.20
	1〜4 頭	161,621	(81.22)	360,847	(73.72)	55,942	(57.19)	2.23	0.16
	5〜19 頭	34,065	(17.12)	115,478	(23.59)	28,456	(29.09)	3.39	0.25
	20〜99 頭	3,230	(1.62)	11,778	(2.41)	8,952	(9.15)	3.65	0.76
	100〜199 頭	59	(0.03)	762	(0.16)	3,423	(3.50)	12.92	4.49
	200〜499 頭	18	(0.01)	380	(0.08)	608	(0.62)	21.11	1.60
	500〜999 頭	0	(0.00)	168	(0.03)	231	(0.24)	-	1.38
	1000 頭以上	1	(0.00)	52	(0.01)	204	(0.21)	52.00	3.92
黒龍江省	全体	160,224	(100.00)	330,897	(100.00)	285,694	(100.00)	2.07	0.86
	1〜4 頭	119,821	(74.78)	192,442	(58.16)	169,699	(59.40)	1.61	0.88
	5〜19 頭	36,060	(22.51)	125,558	(37.94)	99,120	(34.69)	3.48	0.79
	20〜99 頭	3,760	(2.35)	11,923	(3.60)	15,846	(5.55)	3.17	1.33
	100〜199 頭	385	(0.24)	688	(0.21)	569	(0.20)	1.79	0.83
	200〜499 頭	132	(0.08)	197	(0.06)	335	(0.12)	1.49	1.70
	500〜999 頭	49	(0.03)	62	(0.02)	86	(0.03)	1.27	1.39
	1000 頭以上	17	(0.01)	27	(0.01)	39	(0.01)	1.59	1.44
河北省	全体	198,576	(100.00)	116,661	(100.00)	72,721	(100.00)	0.59	0.62
	1〜4 頭	171,331	(86.28)	87,698	(75.17)	62,349	(85.74)	0.51	0.71
	5〜19 頭	22,764	(11.46)	22,712	(19.47)	6,281	(8.64)	1.00	0.28
	20〜99 頭	4,200	(2.12)	4,334	(3.72)	1,759	(2.42)	1.03	0.41
	100〜199 頭	205	(0.10)	422	(0.36)	684	(0.94)	2.06	1.62
	200〜499 頭	61	(0.03)	593	(0.51)	455	(0.63)	9.72	0.77
	500〜999 頭	14	(0.01)	709	(0.61)	800	(1.10)	50.64	1.13
	1000 頭以上	1	(0.00)	193	(0.17)	393	(0.54)	193.00	2.04

資料：中国牧畜業年鑑編集委員会編『中国牧畜業年鑑』各年次より筆者作成.

養頭数ともに大幅な増加をみせていた．特に飼養頭数では，100 頭以上の飼養頭数の割合は 2002 年には，わずか 1.6％であったが 2009 年には 15.5％にまで急増していた．なお，500 頭以上の階層の農家数は，2002 年ではわずか 1 戸であったが 2009 年には 220 にまで増加しており，そのうち 1,000 頭以上の階層は 52 へと増加していた．なお，飼養頭数をみてみると，2002 年では，1〜4 頭規模の飼養頭数は全体の 56.4％，5〜19 頭の規模層は 30.2％を占めていたが，2009 年には両規模層とも 33.9％となっており，1〜4 頭の規模層における飼養頭数の割合が大きく減少していた．他方，500 頭以上を飼養している規模層の飼養頭数は 1,900 頭から 200,542 頭まで大幅に増加していた．

　これらのことより，零細農家の割合が減少していたが，それらは，規模拡大を図った農家もしくは，乳牛飼養を中止した農家に分かれることが想定される．またその一方で，100 頭以上の飼養管理を行う農家数が増加しており，内モンゴルにおける酪農生産では，零細・小規模における規模拡大と，メガファームを志す大規模経営における規模拡大といった異なる階層での生産構造の変化が

| 飼養頭数 | | | | 増加率 | 平均飼養頭数（頭） | | 増加率 |
| 2002 | | 2009 | | (2009/2002) | 2002 | 2009 | (2009/2002) |
（戸数）	（%）	（戸数）	（%）				
880,753	(100.00)	2,865,734	(100.00)	3.25	(4.43)	(5.85)	1.32
497,061	(56.44)	970,352	(33.86)	1.95	(3.08)	(2.69)	0.87
265,580	(30.15)	970,966	(33.88)	3.66	(7.80)	(8.41)	1.08
104,173	(11.83)	480,740	(16.78)	4.61	(32.25)	(40.82)	1.27
7,660	(0.87)	118,306	(4.13)	15.44	(129.83)	(155.26)	1.20
4,379	(0.50)	124,828	(4.36)	28.51	(243.28)	(328.49)	1.35
0	(0.00)	110,408	(3.85)	-	-	(657.19)	-
1,900	(0.22)	90,134	(3.15)	47.44	(1900.00)	(1733.35)	0.91
934,551	(100.00)	2,482,408	(100.00)	2.66	(5.83)	(7.50)	1.29
305,580	(32.70)	621,008	(25.02)	2.03	(2.55)	(3.23)	1.27
345,146	(36.93)	1,148,399	(46.26)	3.33	(9.57)	(9.15)	0.96
133,679	(14.30)	455,941	(18.37)	3.41	(35.55)	(38.24)	1.08
55,953	(5.99)	98,061	(3.95)	1.75	(145.33)	(142.53)	0.98
35,572	(3.81)	61,648	(2.48)	1.73	(269.48)	(312.93)	1.16
27,065	(2.90)	42,314	(1.70)	1.56	(552.35)	(682.48)	1.24
31,556	(3.38)	55,037	(2.22)	1.74	(1856.24)	(2038.41)	1.10
832,944	(100.00)	1,723,849	(100.00)	2.07	(4.19)	(14.78)	3.52
386,682	(46.42)	184,275	(10.69)	0.48	(2.26)	(2.10)	0.93
237,457	(28.51)	233,346	(13.54)	0.98	(10.43)	(10.27)	0.98
151,157	(18.15)	178,246	(10.34)	1.18	(35.99)	(41.13)	1.14
26,911	(3.23)	64,229	(3.73)	2.39	(131.27)	(152.20)	1.16
19,083	(2.29)	219,244	(12.72)	11.49	(312.84)	(369.72)	1.18
8,854	(1.06)	496,649	(28.81)	56.09	(632.43)	(700.49)	1.11
2,800	(0.34)	347,860	(20.18)	124.24	(2800.00)	(1802.38)	0.64

生じていることが示唆された．なお，こうした傾向がみられるが，依然として内モンゴル酪農の大宗を担っているのは零細・小規模農家であることは重要な視点であるといえる．

（2）内モンゴル酪農生産の特徴

　中国において，急速な酪農生産の発展を遂げている内モンゴルであるが，当該地域では，他地域と比べ以下のような特徴を有している（長谷川ら 2007）．第1に，内モンゴルが有する自然条件である．内モンゴルは，中国全土の草地の約5分の1に当たる13億畝（約86万7,000km²）の草地が広がっており，草地資源に恵まれていること，緯度が37〜53度の間にあり，酪農生産に適した環境であることが挙げられる．第2に，大都市の市場に隣接している立地条件である．内モンゴルは，東西に2,400km，南北に1,700kmとなっており，ロシア，モンゴルの国境と隣接している他，中国の7省1自治区と接している．特に，大市場がある東北・西北および華北と接していることに加え，近年，高速道路や国道の整備などによって物流が飛躍的に拡大し，大消費地への輸送も容易に

なったことも大きな特徴といえる．第3に，政府からの政策支援を受けていることである．内モンゴルには，中国政府による西部大開発における12カ所の開発計画地区の1つである呼和浩特市和林格爾（ホリンゴル）盛楽経済園区を含んでおり，政策面での支援が施されている．

　さらに，2000年以降，急速に発展を遂げた背景としては，内モンゴル政府が自治区内の主要産業である酪農・乳業を重視し，酪農家の生産意識を刺激し，税制の優遇措置を講じるなど，政策としてその発展を強力に推進してきたこと，特に1997年以降に，内モンゴル政府が家畜や作物の育種改良を積極的に推進するとともに，海外から優良な精液や種子を導入してきたことが考えられる．

3．内モンゴルの酪農・乳業の取引形態

　1980年以降，内モンゴルでは都市部を中心に外資企業が進出し，1990年以降になると，外資企業の影響力はさらに強くなり，都市部およびそれらの近隣部において物流のインフラが整備され，生乳の取引形態が大きく変化した．特に内モンゴルの中心市街地であるフフホトに蒙牛や伊利などの巨大乳業メーカーが設立されたことにより，酪農・乳業生産を取り巻く環境が大きく変化した．フフホト周辺は零細な酪農家が多かったため，乳業メーカーは原料乳を確保するため，自身で搾乳施設を持たない小規模の酪農家が集まっている集落や村に搾乳ステーションを建設した．現地の乳業メーカー関係者や研究者からの聞き取りより，内モンゴルにおける生乳の取引形態を飼養頭数の規模で分類すると，大きく以下に示す3つの形態に分類することができる（図6-1）．

（1）小規模で酪農生産を行う酪農家
　少頭数の規模で酪農生産を行っている酪農家である．これらの農家は政府の指導・支援を受け，酪農生産を始めた層である[1]．また，これら小規模の酪農家は，次の3つのパターンに分類することができる．

　第1に，個人で酪農生産を行っている農家である．これらの農家は，特定の乳業メーカーとの契約がなく，酪農家自身の意思決定のもとで，搾乳から生乳の取引までを行っている．また，酪農家自身が搾乳機材を所有し他の酪農家に出向き，生乳を集荷する酪農家もいる．これらの酪農家は，乳業メーカーに生

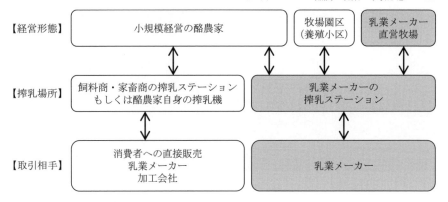

図 6-1　経営形態別にみた生乳の流通構造
　　　　資料：聞き取り調査より筆者作成.
　　　　注：網掛け箇所は，本章が対象としたものである.

乳を販売することだけでなく，消費者や加工会社への直接販売を行っている場合もある. さらに，酪農生産を始める前（多くの場合，移民する前）に，乳牛の他に綿羊や山羊を飼養しており，生乳を加工し，乳製品を作っていた農家は，自ら乳製品の製造・加工を行い，消費者に販売している場合もある.

　第 2 に，酪農生産の専業村において酪農生産を行う酪農家である. 多くの農家は飼養頭数 5 頭未満の零細な農家である. なかには規模拡大を図り，10 頭前後まで飼養頭数を拡大させている農家もいる. 専業村では，飼料商や家畜商などの事業者が搾乳ステーションを設置している場合は，酪農家はそのステーションに乳牛を移動させ，搾乳を行い，事業者に生乳を販売する. その他に，事業者自身が個人の搾乳機材を所有しており，酪農家の牛舎を訪問する場合もある. どちらの形式でも，事業者は，集荷した生乳の消費者への直接販売や，乳業メーカーや加工会社に販売を行っている.

　第 3 に，乳業メーカーと生産取引の契約を結び酪農生産を行う酪農家である. 先の 2 つの形態と基本的に日常的な酪農生産の管理・生産構造は同じである. 酪農家は，乳業メーカーが建設した搾乳ステーションに乳牛を移動させ，そこで搾乳を行い，その生乳を乳業メーカーに販売している. ただし，後述するようにメラミン事件以降は，乳業メーカーが自社の直営牧場を建設し，大規模・集約型の生産にシフトするようになった結果，小規模の酪農家との契約は打ち切られ，酪農家が生産活動を中止するようになった.

図 6-2　小規模酪農家の様子（筆者撮影）

（2）牧場園区（養殖小区）で酪農生産を行う酪農家

　牧場園区とは，乳業メーカーが建設した酪農生産団地のことである．以前は養殖小区とも呼ばれていた．酪農家は，牛舎，運動場，住まいなどが一式となった施設に住み酪農生産を行っている．牧場園区は酪農専業村よりも飼養頭数が多い酪農経営の団地といえる（矢坂 2008）．飼養頭数は地域によって異なるが，概ね 20～50 頭規模，多い場合 100 頭ぐらいとなっている．例えば，大手乳業メーカー伊利の場合は，「公司（企業：乳業メーカー）＋牧場園区＋農家」モデルを採用し，生乳の確保を行っている（長命・呉 2010）．

　酪農家は，園区内の施設で酪農生産を行い，朝・夕の 2 回，乳業メーカーが建設した搾乳ステーションに乳牛を移動させ，搾乳を行う．園区内で酪農生産を行っている酪農家は，乳業メーカーの子会社や系列会社の飼料を安価で購入することができることや，飼養管理に関して乳業メーカーの担当者より技術指導を受けることができるなどのメリットがある．また，資金調達の際，優遇措置をうけることもできる．

（3）乳業メーカーにおける大規模直営牧場

　大規模直営牧場の多くは，乳業メーカーが所有している．直営牧場では，数千頭を超える乳牛を飼養しているメガファームがその大多数を占めており，近年では，年間の生乳の出荷量が年間 1 万 t を超えるギガファームが現れるようになってきている．さらに，近い将来，1 つの牧場での年間生産乳量が 10 万 t を超える巨大ファームが各地に建設される可能性もある．こうした直営牧場で

図 6-3　牧場園区の様子（筆者撮影）

図 6-4　大規模直営牧場の様子（筆者撮影）

は，オーストラリアやニュージーランドから優良な乳牛や精液が輸入されている．また，欧米などから飼養管理技術や飼料配合に関する技術などが移植されている．さらに，育種改良や受精卵移植など，従来の中国酪農では用いられてこなかった最先端の技術を駆使した酪農生産が行われている．こうした大規模牧場では高泌乳能力を持つ純粋のホルスタインが飼養されており，乳牛の能力に応じた飼料設計，飼養管理が求められている（矢坂 2008）．加えて，中国の経済発展とともに，経済的豊かさを手に入れた消費者の健康志向のニーズに対応するために，有機飼料のみを乳牛に給与したオーガニックミルクなど，付加価値を創出するための飼養管理による乳製品の開発・生産が行われている．

4. メラミン事件以降の内モンゴル酪農生産

(1) 大手乳業メーカーの生産管理体制

　2008年の6月以降，三鹿集団製の粉ミルクを飲んだ乳児14人が腎臓結石になり，その原因がメラミンであることが明らかになった．その後，蒙牛，伊利，光明集団といった中国を代表する乳業メーカーの牛乳および乳製品からもメラミンが検出され，乳業メーカーの品質管理の甘さが浮き彫りとなった．この事件は，中国国内で食の安全に対する不安が騒がれるだけでなく，中国製品に対する国内外の消費者の信頼を大きく損なう事件となった．

　メラミン事件発生の背景には，中国の酪農生産における独自の集荷システムが一因として挙げられる．日本の酪農経営では，各自がそれぞれの搾乳機械を持ち，自身の施設で搾乳を行っている．しかし，中国の零細農家の多くは自身の搾乳施設を持っていない．零細農家は，企業もしくは個人が村に建設した搾乳ステーションに乳牛を移動させ，そこで搾乳を行うのが通例である．乳業メーカーにとっては，零細農家まで行き生乳を搾乳し買い取るよりも，搾乳ステーションで生乳の集荷を行い，品質管理と衛生管理をクリアした生乳を買い取った方が効率的である．一方で，零細農家にとっては，搾乳施設を整備するための費用負担が節約できる．メラミン事件以降，牛乳・乳製品の安全性やリスクに対する関心が高まっており，国内消費者は，国産ミルクを買い控える一方，輸入ミルクの購入や海外から個人輸入する傾向が顕著に強くなった（長命 2017）[2]．

　この事件をきっかけに，中国では，大手乳業メーカーの直営牧場が拡大し，海外から優良な乳用牛や精液の輸入，合作社設立による飼料基盤の拡大など，多様なステークホルダーが有機的連携を図りクラスターを形成しながら規模拡大を図る方向への転換が強まった[3]．大手乳業メーカーが直営牧場を持つことの理由として，政府による牧畜業の産業化政策のほか，原乳確保の不安定性，農家からの集乳には品質・衛生面での問題があること，急速な需要拡大への対応の容易さが挙げられる（北倉・孔 2007）．

(2) 大手乳業メーカーによる酪農生産におけるクラスター展開

　以下では，中国最大手の乳業メーカーである蒙牛を事例として，酪農生産に

おける飼養管理や飼料生産，牛乳・乳製品生産の取り組みについて述べていく．

　蒙牛の本社工場は，中心市街地であるフフホト市内から車で 1 時間ほどのところに位置している．蒙牛は，以前，伊利の副社長を務めていた牛根生氏が，1999 年に社員 7 人を引き連れて独立し，立ち上げた会社である．2019 年に 20 周年を迎え，フフホトを中心とし，牧草地や直営牧場の建設の推進を図り，乳製品の生産と販売の促進，品質検査とトレーサビリティの充実，生産に携わる農民や牧民の所得向上を図っている．今後は特に，電子商取引に注力し，1 次産業から 2 次産業，3 次産業，川上から川下に至る酪農産業クラスターの大規模展開を試みている．

　2000 年以降，内モンゴルでは「生態移民」政策や「退耕還林・還草」政策などの実施により，貧困対策，環境保全対策の解決策として，乳牛の飼養が推奨され，飼養に伴う政府からの補助もあり，自治区内において乳牛の飼養頭数が飛躍的に増加した．いわゆる「酪農ブーム」が巻き起こり，大手乳業メーカーのみならず，中小の乳業メーカーも生乳集荷不足の問題を抱え，先述した小規模で酪農生産を行う酪農家および牧場園区（養殖小区）で酪農生産を行う酪農家から生乳の集荷を行った．しかし，「生乳品質」よりも「量」を求めた結果，先述したメラミン事件を契機に，多くの中小乳業メーカーは廃業に追い込まれた．蒙牛においてもメラミン事件の影響により経営方針の転換を余儀なくされ，「零細農家・巨大乳業」から「大規模農家・巨大乳業」への転換を図るようになった（長命・南石 2015）．

　図 6-5 は，蒙牛の直営牧場の分布図である．内モンゴル以外の北東部や沿岸部を中心に直営牧場を有しており，中国全土にまたがる展開が図られている．直営牧場では，欧米などからの飼養管理技術が導入されており，各牧場では，数千頭から数万頭の乳牛が飼養されている．また給与飼料に関しては，蒙牛と契約している飼料生産農家がトウモロコシなどの飼料生産を，その他，国内で生産していない濃厚飼料・配合飼料などに関しては海外から輸入しており，系列の飼料会社を設営し，TMR（完全混合飼料）での飼料が牛に飼料が給与されている．

　また，搾乳作業などの飼養管理や繁殖管理などに関する新しい技術が海外から導入されている．図 6-6 は蒙牛の直営牧場での搾乳風景であるが，海外からロータリーパーラーや搾乳ロボット（DeLaval 社）が導入されている．ここで

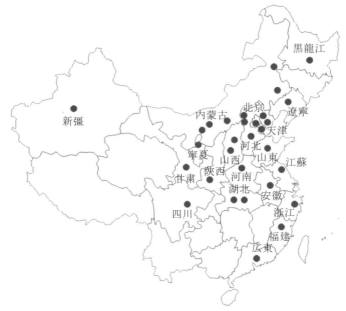

図 6-5　中国国内における蒙牛の直営牧場分布図
　　　　資料：蒙牛ウェブサイト（http://www.mengniuir.com/c/about_map.php）を基に，
　　　　筆者作成．

図 6-6　ロータリーパーラーによる搾乳風景（筆者撮影）

は，乳牛が畜舎より移動してそのままロータリーパーラーで搾乳される．搾乳
後は担当の従業員が乳頭や器具の洗浄を行うが，その他の行動に関しては，従
業員が関与することはほとんどない．また，メラミン事件以降，管理体制が厳
格となり，牧場内には，日ごとの乳量や体細胞数などの情報が表示され，品質
管理の徹底が図られるようになっている．

　こうした牧場で集荷された生乳は，蒙牛の工場へ運搬され，工場内で牛乳や乳製品などが製造される．製造される商品として，一口サイズの牛乳から 1ℓ サイズの牛乳まで様々な形態の牛乳が販売されている．味に関してもコーヒー牛乳やブルーベリー味，ストロベリー味の牛乳など，バラエティに富んだ商品ラインナップとなっている．

　また，図 6-7 は蒙牛のフフホト本社工場の様子である．製造工程に関しては，製造の自動化が図られている．工場内では，生乳製品の製造の機械化が進んでおり，人間は見回りや点検以外ほとんど見られない．このように工場内では，工程の自動化により，異物などの混入リスクへの対応を図っている．

　これら大手乳業メーカーにおける酪農生産に係るクラスターの展開を模式的に示したのが図 6-8 である．ここで示されているように大手乳業メーカーによる酪農生産では，乳業メーカーの支配のもと，乳牛の生産基地である直営牧場や飼料基地が運営・管理されていた．また，その他濃厚飼料や精液，搾乳作業など飼養管理に係る新しい技術は海外からの輸入・技術移転に依存していた．家畜生産において重要な基軸の 1 つが飼料の確保である．当該事例においては，乳業メーカーで系列の飼料会社を設立し，とうもろこしなどの飼料生産基地を保有していることが大きな特徴といえる．また，小規模酪農経営において問題点となっていた飼養管理技術に関しては，海外からの飼料や精液の利用に加え，ロータリーパーラーや搾乳ロボットなどの最新の ICT を導入することで，乳量・乳質の安定的確保が図られていた．特に，ICT を導入することにより，必要最小限の人数で乳牛の飼養管理を行うことが可能となり，規模拡大にも結び

図 6-7　蒙牛の本社工場での乳製品製造の様子（筆者撮影）

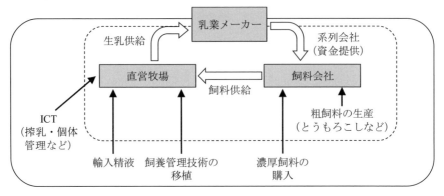

図 6-8　大手乳業メーカーにおける酪農クラスター
　　　　資料：聞き取り調査より筆者作成
　　　　注：点線は国内でのクラスター関係を，実線は海外とのクラスター関係を示
　　　　している．

付いていることが考えられた．

　以上，本章で取り上げた大手乳業メーカーの事例は，飼養管理技術や飼料な
ど不足している資源は外部から導入・移植を図りつつも，乳業メーカーが飼料
生産や家畜飼養から流通・消費に至る水平的な連携を図ることで，川上から川
下までの事業連携を展開している垂直統合型のクラスターといえる[4]．

5. おわりに

　本章では中国内モンゴルにおける酪農生産の動向について述べたのち，大手
乳業メーカーにおける垂直統合型のクラスター形成の展開について述べてきた．
2008 年 9 月に起こったメラミン事件は，乳量の増大・短期的な利益を求め，急
速に成長した中国酪農の負の側面が表面化された事件であるといえる．中国の
酪農生産は，著しい経済成長，乳製品消費の増大に応えるべく生乳生産量の拡
大と品質の向上といった 2 つの問題に対応していかなければならない．今後は，
原料乳の品質安全管理を徹底させる施策とともに，酪農生産管理および経営組
織のあり方がますます重要になってくるであろう．

　そうした中，今後の内モンゴル酪農生産に関しては，以下の 3 点が課題とし
て考えられる．第 1 に，良質な飼料の生産・確保を行っていくことである．乳
牛飼養頭数や生乳生産量の目標計画を達成するためには，良質な飼料生産・確

保および給与が必要である．今後，ますます，海外からの輸入精液に依存し泌乳能力の高い乳牛を育成していく場合，高栄養価の飼料が必要となる．輸入飼料は国際価格に左右される側面があるため，安定供給を求めるのであれば，牧場近隣に飼料基地を確保することが重要と考えられる．そのためには近隣の農家と協力し飼料供給のクラスターを形成することが重要になってこよう．

　第2に，環境問題に関する問題である．今後，集約的な直営牧場の建設が進み，メガファーム，ギガファーム以上の規模の牧場が設立されていくと，ふん尿の処理問題に直面するであろう．牧場内に浄化処理施設を持つことも考えられるが，現状としてはコストなど様々な問題が生じているため，自社努力によるふん尿処理のみならず，政府からの支援も重要となってこよう．その他，近隣の飼料生産農家と有機的連携を図り，ふん尿を有効活用してもらう仕組みづくりも重要になると考える．

　第3に，大手乳業メーカーによる大規模直営牧場におけるリスク管理である．直営牧場における大規模集約的な飼養管理は，生産コストの低減を有する一方で，家畜の感染症などの疾病リスクが高まるといえる．例えば，日常の飼養管理で発生する乳房炎や下痢など家畜の生産性の低下をもたらすものなどは，被害自体は小さいものといえる．その一方で，口蹄疫など国境を越えて容易に蔓延する感染症が発症した場合，家畜の殺処分や牧場の閉鎖など巨大な経済的被害をもたらすこととなる．大規模化が進む現状においては，家畜の個体管理のみならず牧場内での衛生状態を適切に管理することが求められ，感染症を制御あるいは予防するための飼養管理体制・技術の向上がますます重要となってくるであろう．

　以上，今後の内モンゴル酪農生産における課題について述べてきたが，これらの課題への対応において最も重要なのが乳業メーカーにおける経営倫理である．2008年に発生したメラミン事件は大手乳業メーカーの杜撰な管理体制および隠ぺい体質が引き起こした問題である．今後，蒙牛や伊利などの大手乳業メーカーが「直営牧場・巨大乳業メーカー」への展開を加速させていくと，乳業メーカーの市場影響力はますます強くなるであろう．乳業メーカーが過度に利益を追求することや杜撰な品質管理体制が横行した場合，メラミン事件のような国土を揺るがす大事件が再び起こる可能性も否定できない．乳業メーカーの倫理ある経営により，メラミン事件のような悲劇が起こらないことを望む．

注

1) これらの層には，「生態移民」政策により，酪農生産を始めた農家も含まれ
る．「生態移民」は，生態環境が悪化している地域の人々を移民村へ移民さ
せ，乳牛飼養を行わせるのと同時に，酪農業の発展を試みるなど，経済発展
と環境保護の両立を目指した施策である．「生態移民」政策による酪農生産
に関しては，長命・呉（2012）を参照のこと．

2) 徐ら（2010）は，メラミン事件前後の2008年7月と9月に牛乳の安全性に
対する意識調査を行っており，「かなり安全である」「やや安全性がある」と
回答した消費者はそれぞれ，30%から1%，48%から20%へと大幅に減少し
たと指摘している．

　　また，長命（2017）は，2016年10月に内モンゴルの大学生および大学院
生に行った消費意識調査の結果では，牛乳購入に対する意識として，6割以
上の学生で「やや不安である・かなり不安である」と回答しており，依然と
して牛乳消費に対する不信感が高いこと，牛乳生産の段階において，何らか
のリスクが発生する可能性を意識して，牛乳の購入・消費を行っていること
を明らかにしている．

　　詳細は，徐ら（2010）および長命（2017）を参照のこと．

3) 規模拡大が急速に進んだ要因として，新川・岡田（2012）は以下の3点を挙
げている．第1に，零細農家は生乳取引価格の変動の影響を大きく受け，酪
農経営が安定せずに廃業が進んだことである．第2に，良質な生乳を安定的
に確保するために，大手乳業メーカーによる大規模な直営農場の開設が進ん
だことである．第3に，新たな事業モデルとして，外資による大規模農場開
設への投資が進んだことである．

　　中国政府は飼養頭数が100頭以上の大規模農場の構成割合を全体の3割
とする目標を掲げており，乳業メーカーに対しては，生乳の7割以上を直営
農場から調達するよう指示をしている．中国政府は，メラミン事件が零細農
家からの集乳システムに問題があったと考えており，経営規模拡大を促進し，
品質・安全性を確保することを積極的に促している．乳業メーカーはこれを
受けて，直営農場からの調達率を高める動きを加速させている．また，政府
からの支援も規模拡大を加速させる要因となっている．例えば，乳牛規模申
告通知では，支援対象事業の申請条件として，乳牛の飼養頭数規模が200

頭以上であること，口蹄疫，ブルセラ病の発生がなく，結核陽性牛がいない
ことなどが挙げられているほか，大中都市郊外および大飼養地区や産地・消
費地密着型の乳牛飼養農場への財政支出を優先することとされた．財政支援
については，乳牛の飼養頭数や生乳生産量などを総合的に勘案して確定する
こととされているが，その主眼は飼養頭数規模に置かれており，200〜499
頭規模の農場では，平均 50 万元，500〜999 頭の規模の農場では 100 万元，
1000 頭以上の農場では 150 万元が支援額の基準として定められている（谷
口　2008）．

4）長命・南石（2019）は，本章で取り上げた ICT 利用における IT 企業との連
携や共同研究・開発などによる連携も広義の意味でのクラスター形成である
としている．

引用文献

北倉公彦・孔　麗（2007）「中国における酪農・乳業の現状とその振興」『北海学園大学
　　経済論集』54（4）：31-50.
北倉公彦・大久保正彦・孔　麗（2009）「北海道の酪農技術の中国への移転可能性」『開
　　発論集』83：13-58.
新川俊一・岡田岬（2012）「変貌する中国の酪農・乳業〜メラミン事件以降の情勢の変化
　　と今後の展望〜」『畜産の情報』267：60-74.
達古拉（2014）「内モンゴルにおける乳製品に関する主要な安全問題と原因分析」
　　『GLOCOL ブックレット』16：65-79.
谷口　清（2008）「中国における最近の酪農・乳業政策〜大規模経営への集約，量から質
　　へ〜」『畜産の情報』：227：73-82.
中国国家統計局『中国統計年鑑』各年次．
中国牧畜業年鑑編集員会編『中国牧畜業年鑑』各年次.
長命洋佑・呉　金虎（2010）「中国内モンゴル自治区における私企業リンケージ（PEL）
　　型酪農の現状と課題－フフホト市の乳業メーカーと酪農家を事例として－」『農林業
　　問題研究』46（1）：141-147.
長命洋佑・呉　金虎（2012）「中国内モンゴル自治区における生態移民農家の実態と課題」
　　『農業経営研究』50（1）：106-111.
長命洋佑・南石晃明（2015）「酪農生産の現状とリスク対応－内モンゴルにおけるメラミ
　　ン事件を事例に－」南石晃明・宋　敏編著『中国における農業環境・食料リスクと
　　安全確保』，花書院：76-101.
長命洋佑（2017）『酪農経営の変化と食料・環境政策－中国内モンゴル自治区を対象とし
　　て－』，養賢堂：201pp.
長命洋佑・南石晃明（2019）「畜産経営における ICT 活用の取り組みとクラスター形成」
　　『農業と経済』85（3）：135-145.
農林水産省（2015）「酪農及び肉用牛生産の近代化を図るための基本方針－用語集－」，
　　http://www.maff.go.jp/j/chikusan/kikaku/lin/l_hosin/pdf/rakuniku_yougosyu.pdf（2021 年
　　11 月 1 日参照）

長谷川敦・谷口　清・石丸雄一郎（2007）「急速に発展する中国の酪農・乳業」『畜産の
　　情報　海外編』209：73-116.
長谷川敦・谷口　清（2010）「中国の酪農・乳業の概要」独立行政法人農畜産業新興機構
　　編『中国の酪農と牛乳・乳製品市場』農林統計協会：1-31.
矢坂雅充（2008）「中国，内モンゴル酪農素描－酪農バブルと酪農生産の担い手の変容」
　　『畜産の情報』230：64-84.
徐　芸・南石晃明・周　慧・曾　寅初（2010）「中国における粉ミルク問題の影響と中国
　　政府の対応」『九州大学大学院農学研究院学芸雑誌』65（1）：13-21.

第7章　小規模酪農家における乳業メーカーの酪農生産支援

1. はじめに

　中国における酪農は，古くは中国北部や西部地域で暮らしていた少数民族地域の遊牧民が飼養していた黄牛やヤクの乳を搾乳し，その乳を乳製品に加工し，利用するのが主な形態であった．そのため，一部の少数民族を除いて牛乳・乳製品を消費する文化はなく（北倉・孔 2007），都市部では乳製品を乳児，老人，病人の栄養食品として扱い，農村部では乳製品をほとんど消費していなかった（小宮山ら 2010）．しかし，1978 年の改革開放に伴い，農村改革が 1979 年から開始され，農村部における産業構造が大きく変化した．これまでの計画経済は終焉をむかえ，新たに市場経済化の波が押寄せることとなった．こうした状況下において，特に大きく変化したのが畜産である．伝統的な遊牧民による酪農生産においても黄牛や山羊の生乳を利用した乳製品の加工による自給型農業から市場メカニズムを導入した換金型農業へと転換した．国営，集団，個人のそれぞれがともに発展するというスローガンのもと，1980 年代に入ると人民公社の解体により個人牧場が形成され，個人による酪農経営が営まれることとなった．また 1989 年には，国家評議会によって酪農・乳業が国家経済の発展推進のための重要な産業として位置づけられ，融資や技術，インフラ支援などの政策が確立された．次いで国務院は 1997 年に「全国栄養改善計画」を実施し，酪農・乳業を重点的発展産業と位置づけた．さらに，2000 年には学生飲用乳制度が導入され，乳・乳製品の消費拡大が図られるなど，酪農・乳業企業は重要な発展産業としてさまざまな優遇措置が講じられてきた（長谷川・谷口 2010）．

　こうした中，中国において著しく牛乳生産が増加したのが内モンゴル自治区（以下，内モンゴルと記す）である．内モンゴルの酪農生産は 2000 年代に入ると，急成長を遂げ，全国トップのシェアを占めるようになった．この背景には，内モンゴルに本社を置く「内蒙古伊利実業集団股份有限公司」（以下，伊利と記す）や内蒙古蒙牛乳業（集団）股份公司（以下，蒙牛と記す）といった大手乳業メーカーが 1990 年代後半より急成長したことが挙げられる．これらの乳業メ

ーカーは，搾乳ステーションを酪農生産の現場に相次いで建設し，生乳の確保に努め，生産の拡大を図った．

　また，2000年代の中ごろ以降になると「生態移民」や「退耕還林・還草」政策などの貧困対策の一部として，乳牛飼養が行われるようになった．こうした政策では，経済性の高い家畜である乳牛の飼養を行い，貧困からの脱却を図るとともに，従来，家畜の放牧を行っていた地域の農牧民を都市近郊部などへ移住させることにより，自然環境の回復を図ることが目的としてあった．しかし，実際の生産現場では，飼養管理技術の不足などから思ったように飼養頭数の拡大ができない状況が問題視されている（長命・呉 2012）．

　他方，内モンゴルにおける酪農生産は，急激な伸長を遂げたことにより，酪農生産の生産システムや生乳の流通構造およびその取引形態は大きく変化した（第6章を参照）．例えば，大手乳業メーカー伊利の場合は，自社の直営牧場の設立や「公司（企業：乳業メーカー）＋牧場園区＋農家」モデルのクラスター形成による生乳確保を行っている．

　こうした内モンゴルにおける酪農生産に関しては，政策実施との関係に焦点を当てた研究が数多く蓄積されている．例えば，小宮山ら（2010）は都市近郊の酪農家を対象に，薩日娜（2007）は半農半牧地区の酪農家を対象にそれぞれ酪農経営の実態把握を行っている．また，長命・呉（2012），達古拉（2007），鬼木ら（2010）は「生態移民」政策実施に伴う酪農経営の所得変化に焦点を当てた分析を行っている．さらに，近年増加傾向にある乳業メーカーとの生産契約による酪農生産に焦点を当てた研究として，朝克図ら（2006）および長命・呉（2010）の研究があげられる．しかし，これらの先行研究では個別経営における経営・経済評価が中心であり，酪農生産における飼養管理状況や経営外との取引形態や支援体制を含めた酪農生産支援システム，クラスター形成に焦点を当てた研究蓄積は少ないといえる．

　そこで本章では，内モンゴルの酪農経営の大宗を担う小規模酪農家と乳業メーカーにおける酪農生産支援を含めたクラスター形成の実態を明らかにすることを目的とする．具体的には，小規模酪農経営における乳業メーカーとの取引形態や支援体制などのクラスターの実態を明らかにし，小規模酪農経営において有益な生産支援方策について検討する．以下，次節では内モンゴルにおける酪農・乳業の流通構造について整理を行う．第3節では，乳業メーカーによる

支援を享受している小規模酪農経営および支援を享受していない小規模酪農経営といった異なる2つの事例を取り上げ，それらの乳牛飼養の管理実態を明らかにする．第4節では，前節で取り上げた事例より，小規模酪農経営における乳業メーカーの生産支援に資するクラスター形成の実態について検討する．第5節では，本章のまとめとして，今後の酪農生産における支援体制の課題について述べる．

2. 内モンゴルの酪農・乳業の流通構造

　1980年以降，内モンゴルでは，都市部を中心に海外企業が進出してきた．1990年以降になると，海外企業の影響はさらに強くなり，都市部およびそれらの近隣部において物流のインフラが整備された．その一方で，2000年以降は，先述したように，「生態移民」や「退耕還林・還草」政策における貧困対策の1つとしての酪農生産が行われるようになり，都市近郊部を中心に酪農村が建設され，そこに入居し酪農生産を行うなど，従来とは異なる形で酪農生産が行われるようになった．内モンゴルでは，以下に示すように多様な生産形態が新たに出現し，生乳の流通構造および取引形態が大きく変化した．

　それらの変化の特徴としては，以下の2つが考えられる．第1に，内モンゴルの首都であるフフホトに蒙牛や伊利などの巨大乳業メーカーが設立されたことである．フフホト周辺では零細な酪農家が多かったため，乳業メーカーは原料乳の確保を目的に，酪農の生産地に搾乳ステーションを相次いで建設し，生乳の確保に努めた．乳業メーカーが搾乳ステーションを建設することで，搾乳以降，貯蔵タンクまでの間で何らかの異物や汚染物の混入を防ぐことができる．第2に，搾乳施設を持たない小規模酪農家が集まっている酪農村に乳業メーカーが搾乳ステーションを建設し，生乳の確保に努めたことである．

　どちらの生産システムにおいても酪農家は自身の畜舎から搾乳ステーションに乳牛を移動させ，そこで搾乳し生乳の販売を行っている．搾乳ステーションの多くは乳業メーカーが建設したものであるが一部個人の搾乳ステーションも存在している．その一方で，貧困対策や技術支援の一環としての酪農生産が推進されたことにより，小規模の酪農家が増加し，そうした階層に対する持続的な経営および規模拡大への方策を提示することが重要な課題となっている[1]．

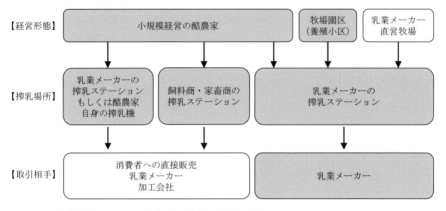

図 7-1　経営形態別にみた酪農家の生乳の流通構造
　　　　資料：聞き取り調査より筆者作成.
　　　　注：網掛け箇所は，本章が対象としたものである.

こうした内モンゴルにおける酪農生産の動きは，鳥雲・福田（2009）が指摘しているように，搾乳ステーションの建設が増加するとともに，生産契約による酪農生産が浸透していくことが考えられる.

　図 7-1 は，内モンゴルにおける経営形態別にみた生乳の流通構造を示したものである. 本章では，前章で取り上げなかった小規模経営の酪農家および牧場園区（養殖小区）を対象とした事例を取り上げ，それぞれの酪農生産の実態を明らかにしたうえで，乳業メーカーによる酪農生産支援のあり方について述べていく.

3.　内モンゴルにおける小規模酪農経営の実態

　以下では，近年，都市近郊部を中心に増加傾向にある乳業メーカーと酪農家が契約を結び乳業メーカーから様々な支援を享受し酪農生産を行う生産形態（以下，この生産形態である「私企業リンケージ（PEL）型酪農生産」を「PEL型」と記す）および内モンゴル酪農の大宗を担う小規模農家に着目し，それぞれの生産実態について明らかにする. その際，乳業メーカーから享受している酪農生産支援について検討を行い，今後の課題についても言及する. なお，本章では，PEL 型との比較検討を行うために，酪農村で酪農生産を行っているが，乳業メーカーからの支援をほとんど享受していない小規模酪農経営の生産形態

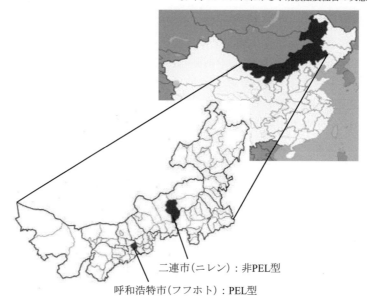

二連市(ニレン) : 非PEL型

呼和浩特市(フフホト) : PEL型

図 7-2　分析対象地域

を「非 PEL 型」と呼称する.

　以上の課題を遂行するために, 図 7-2 に示す 2 つの調査地における酪農村における小規模酪農経営の事例を取り上げる [2]. 調査対象農家の選定は, PEL 型に関しては, 乳業メーカーの担当者の管轄園区において, 平均的な飼養頭数の経営を紹介してもらった. また, 非 PEL 型に関しては, 酪農村のなかで相対的に農家所得の高い農家を村の書記長より紹介してもらい, それぞれ聞き取り調査を行った.

(1) PEL 型酪農生産の概要

　PEL 型酪農生産の事例として取り上げた Y 氏は, 乳業メーカーである伊利 [3] との契約取引による酪農生産を行っている. 伊利は, 中国における農業の産業化の代表的な形態である「公司 (企業) ＋農家」モデルを 1997 年より取り入れ酪農生産を開始した. このモデルは, 企業は農家との間で, 飼料を含む生産資材の購入・生乳販売などの取引契約を結び生産活動を行うものである. 企業 (乳業メーカー) は, 農家に対して所有している家畜の飼養管理技術の指導, 安価

な配合飼料の販売，資金融資や補助金支給などの支援を行ってきた．しかし，契約している農家が各地に分散していたため，企業にとって農家への飼養管理や飼料の給餌方法などの技術的な指導，生乳の品質に関する衛生面での指導などにおいて非効率なモデルであった．そのため，伊利は「公司（企業）＋牧場園区（園区）＋農家」モデルへの転換を図った．新しいモデルでは，企業が建設した園区へ酪農家を入居させ，そこで乳牛飼養および生乳集荷を行うようになった．すなわち，乳業メーカーは，酪農家を園区に集めることで，生産・指導の効率化を図ったのである．このことは後述するが，酪農家と乳業メーカーのみならず，様々なステークホルダーが酪農生産に関与することで，生産の効率化が図られており，小規模酪農経営における酪農生産を支援するためのクラスター形成であるといえる．

　伊利は園区への入居者を募集する際，以下のような支援策を酪農家に提示した．それらは，園区内に建設した搾乳ステーションを無償で利用できること，伊利系列の飼料会社の配合飼料を低価格で購入できること，飼養頭数が 40 頭規模になるまで精液の無料提供を行うこと，などであった．一方，伊利は入居する酪農家に 2 つの条件を課した．1 つは，ホルスタイン種乳牛を 25 頭以上飼養すること，もう 1 つは，家屋（0.4 畝 [4]），牛舎（0.6 畝），とうもろこしサイレージの貯蔵用バンカーサイロ（2 棟で 2 畝），運動場（3 畝）が一式となった施設（計 6 畝）を購入し，そこで酪農生産を行うことであった [5]．

　40 戸が入居できる園区は，入居募集後すぐにうまった．園区全体では，およそ 2,200 頭のホルスタイン種乳牛が飼養されており，搾乳牛は 1,100 頭となっている．園区内には搾乳ステーションが 2 つ建設されており，農家はそれらのステーションに乳牛を連れて行き，朝・夕の計 2 回搾乳を行う．1 日の搾乳量は園区全体でおよそ 20t となっている．

(2) 非 PEL 型酪農生産の概要 [6]

　非 PEL 型の酪農生産の事例として取り上げた A 氏および B 氏は，内モンゴルで最も早い時期に貧困対策としての「生態移民」政策が開始された錫林郭勒盟二連市に位置する酪農村（移民村）で酪農生産を行っている．この村は，国家の貧困支援移民プロジェクトにより 2001 年 9 月から 2003 年の 3 月までに 1,196.5 万元を投じて建設された．2003 年の時点で 162 世帯，730 人が移住した．

移住してきた農家は，家屋と牛舎および運動場が一式となった建物に住み，そこで乳牛を飼養している．搾乳を行う場合，村に建設された搾乳ステーションに乳牛を移動させ，搾乳を行う．搾乳された生乳は，このステーションを管理している乳業メーカーに販売をする．また，村には 4,500 畝の共有地があり，飼料用のとうもろこしが生産されている．飼料生産の請負は，漢民族の業者が行っている．農家は，この業者からとうもろこしを購入し，庭先にあるバンカーサイロでとうもろこしサイレージの調整・貯蔵を行う．酪農村には国営の乳業メーカーが建設した搾乳ステーションが 1 つあるが，2010 年 11 月から 2011 年 3 月まで運転は停止していた．その主な理由は，搾乳牛頭数の減少により，乳業メーカーが要求する生乳量・品質などの生乳の集荷ができなくなったためである．しかし，酪農家の飼養管理の努力改善により，生乳集荷量・乳質条件などを満たすことが可能となったため運転が再開された．搾乳ステーションが停止していた間は，搾乳機を所有している個人業者が酪農家を訪問し搾乳を行っていた．なお，生乳の取引価格は，先の乳業メーカーとの取引価格（3.0 元/kg）を基準に設定されたため，酪農家への負担は少なかった．

(3) 調査農家の飼養管理状況

　表 7-1 は，PEL 型および非 PEL 型の調査農家における飼養管理状況を示したものである．

　Y 氏は，伊利の園区に入居する以前は，フフホト近郊で小規模の酪農経営を行っていた．2003 年に友人から伊利の園区が建設される話を聞き，乳牛の増頭を図り，園区に入居した．当時は酪農生産が急成長していた時期であり，中国の大手企業の 1 つである伊利からの支援，具体的には，乳牛の飼養管理技術，給与飼料に対する指導，低価格での配合飼料購入，搾乳ステーションの利用，などの支援を受けながら酪農生産を行うことにより，経済的に豊かになることを期待し入居した．

　入居当時の Y 氏の乳牛飼養頭数は搾乳牛および乾乳牛合わせて 27 頭であったが，その後，搾乳牛 25 頭，乾乳牛 15 頭，子牛 15 頭の計 55 頭まで増頭している（表 7-1）．また，1 頭当たりの日乳量（kg/日・頭）に関しても，園区に入居した 2004 年当時は 20kg 前後であったが，25〜30kg まで増加している．配合飼料に関しては，伊利の系列会社から購入している．粗飼料の購入に関しては，

表 7-1　調査農家の飼養管理状況

	PEL 型	非 PEL 型	
	Y 氏	A 氏	B 氏
飼養頭数（頭）			
搾乳牛	25	3	5
乾乳牛	15	3	0
育成牛	15	1	2
山羊・綿羊	—	—	50
生乳生産量			
1 戸当たり（kg/日・戸）	625～750	60	87.5
1 頭当たり（kg/日・頭）	25～30	20	17.5
給与飼料の種類	・とうもろこしサイレージ ・乾草 　（とうもろこし） ・牧草 ・とうもろこしの実 ・もみがら ・配合飼料	・とうもろこしサイレージ ・乾草 　（とうもろこしの茎葉部） ・配合飼料	・とうもろこしサイレージ ・乾草 　（とうもろこしの茎葉部） ・配合飼料

資料：聞き取り調査より筆者作成.

特定の取引業者は存在せず，園区へ販売に来る近隣の粗飼料生産農家から現金で購入している．乳牛への給与飼料は，とうもろこしサイレージ，とうもろこしの乾草，草原の牧草，とうもろこしの実，もみがら，配合飼料である．

　次いで，非 PEL 型の酪農経営 2 戸（A 氏・B 氏）の経営概況について以下に示す．A 氏の飼養頭数は 7 頭であり，その内訳は搾乳牛 3 頭，乾乳牛 3 頭，育成牛 1 頭である．また，1 頭当たりの日乳量は 20kg となっている．A 氏は経営外から乳牛を導入するのではなく，雌子牛の自家育成により飼養頭数の拡大を図ってきた．しかし，A 氏は現在の労働力および自身の飼養管理技術では，飼養頭数の拡大を図ることは困難であると考えていた．そのため，良質な飼料を給与することで個体乳量の増加を図り，収益確保に努めていた．主な給与飼料は，配合飼料，とうもろこしサイレージおよび乾燥したとうもろこしの茎葉部である．しかし A 氏の経営では，とうもろこしサイレージの生産・貯蔵技術が不足しているため，腐敗などにより乳牛へ給与できない廃棄飼料が生じており，サイレージの利用率は 50～60％であった．

　B 氏の経営における飼養頭数は，搾乳牛 5 頭，子牛 2 頭に加え，山羊・綿羊

を 50 頭飼養している．1 頭当たりの日乳量は 17.5kg となっている．B 氏は，分娩前後に良質な飼料を給与し母体の早期回復をはかることができれば，泌乳のピーク時にとうもろこしの茎葉部を給与しても一定量の搾乳が可能であると考えている．可能な限り良質な飼料を給与したいが，飼料価格の高騰により給与が困難な状況となっている．そのため，とうもろこしサイレージは分娩前後の給与のみであり，その他の期間は乾燥したとうもろこしの茎葉部を給与している．B 氏も A 氏と同様に，とうもろこしサイレージの生産・貯蔵技術が不足しているため，サイレージの利用率は 60% となっていた．

（4）調査農家の経営状況

　表 7-2 は，調査農家における経営状況を示したものである．Y 氏の経営状況について以下に示す．まず収入構造では，生乳販売が 78.8% を占め最も高い比率となっている．次いで高かったのが廃用の雌牛であった．体重に応じて価格変動はあるが，廃用の雌牛は 1 斤[7]当たり 18.1 元で取引されていた．また雌牛

表 7-2　調査農家の経営状況

	PEL 型		非 PEL 型			
	Y 氏		A 氏		B 氏	
生乳販売代	456,960	(78.8)	106,650	(74.9)	75,375	(76.7)
雄子牛販売代	13,000	(2.2)	900	(0.6)	-	(-)
雌牛販売代	92,400	(15.9)	12,000	(8.4)	-	(-)
ふん尿販売代	5,500	(0.9)				
山羊・綿羊販売代	-	(-)	-	(-)	15,000	(15.3)
補助金（退耕還林）	-	(-)	22,140	(15.5)	7,200	(7.3)
アルバイト	12,000	(2.1)	700	(0.5)	700	(0.7)
粗収益	579,860	(100.0)	142,390	(100.0)	98,275	(100.0)
種付料	5,760	(1.4)	900	(1.0)	300	(0.5)
飼料費	358,130	(84.5)	86,861	(92.7)	52,580	(82.9)
獣医師及び医薬品費	9,600	(2.3)	0	(0.0)	400	(0.6)
光熱水料及び動力費	10,080	(2.4)	500	(0.5)	560	(0.9)
乳牛の減価償却費	24,063	(5.7)	6,375	(6.8)	5,313	(8.4)
建物費	14,400	(3.4)	-	(-)	-	(-)
農機具費	1,900	(0.4)	-	(-)	-	(-)
山羊・綿羊の減価償却費	-	(-)	-	(-)	375	(0.6)
委託費（山羊・綿羊）	-	(-)	-	(-)	3,900	(6.1)
生産費	423,932	(100.0)	93,736	(100.0)	63,428	(100.0)
農家所得	155,928		48,654		34,847	

資料：聞き取り調査より筆者作成．

の皮は 1,200 元程度で取引されていた．体重が 500kg 近い雌牛であると，皮も合わせるとおよそ 10,000 元で売却することができる．他方，雄子牛は出産直後に医薬用として数百元で販売される．内モンゴルを含め中国では雄子牛を肥育する習慣はほとんどないためである．次いで，支出構造をみてみると，最も比率が高かったのは飼料費であり，全体の約 85％を占めていた．その他，乳牛償却費および建物費の比率が高かった．

　次いで，非 PEL 型の酪農経営の収入構造をみると，A 氏および B 氏ともに生乳販売が最も高い比率となっていた．両氏とも生乳販売に加え，退耕還林の補助金および家畜の販売が副次的な収入となっていた．それらの割合はそれぞれ 23.9％，22.6％であり，収入の大きな支えとなっている．また，支出構造をみると，両氏とも最も比率が高かったのは飼料費であり，全体の 8 割～9 割を占めていた．

　以上の各経営状況の結果を基に，所得率などの経営指標を算出した結果を示したのが表 7-3 である．所得率では Y 氏の経営が最も低く，非 PEL 型の酪農経営において高い所得率を示していた．この結果については，Y 氏は自家育成による規模拡大を試みており，子牛の飼養頭数が相対的に多いため，飼料費が増大したことが影響したと考える．他方，非 PEL 型の経営では，「退耕還林」政策の補助金が支給されていること，また貧困対策の一環として，建物費の負担がないことが影響し，所得率が高かったことが示唆された．その他，経産牛 1 頭当たり年間所得をみると，非 PEL 型の酪農経営に比べ PEL 型の経営で値が高かった．また，飼料廃棄率は，非 PEL 型の経営では Y 氏の経営と比べると，2 倍以上も高い廃棄率となっていた．Y 氏は，とうもろこしサイレージの生産・貯蔵の困難さを現在の問題として挙げていたが，それ以上に非 PEL 型の酪農生産で深刻な問題となっていることが明らかとなった．非 PEL 型の経営では，と

表 7-3　調査農家の経営状況

	PEL 型	非 PEL 型	
	Y 氏	A 氏	B 氏
所得率[1]（％）	26.9	34.2	35.5
経産牛 1 頭当たり年間所得（元）	10,598	8,109	6,969
飼料廃棄率（％）	20	40～50	40

資料：聞き取り調査より筆者作成．
注 1：農家所得/粗収益×100

うもろこしサイレージの生産・貯蔵技術の指導がほとんど行われてこなかった
ため，技術不足が大きく影響した結果であるといえる．酪農生産においては，
乳牛の個体管理とともに飼料生産・給与が極めて重要である．そのため，サイ
レージの生産・貯蔵技術の指導を行い，安定的なサイレージの生産・貯蔵を行
うことが可能となれば，飼料の給与ロス軽減が図られ，経営改善に寄与するこ
とが考えられる．

4. 小規模酪農経営におけるクラスター形成

　図 7-3 は，PEL 型および非 PEL 型の酪農生産におけるステークホルダーとの
クラスター形成の関係を示したものである．

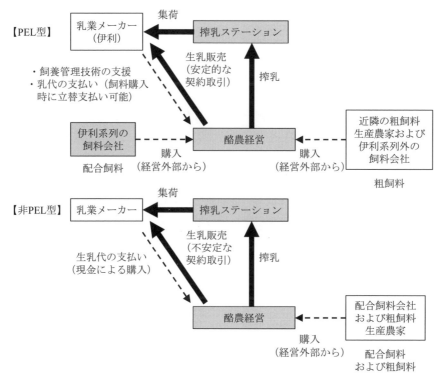

図 7-3　小規模酪農経営におけるステークホルダーとのクラスター形成
　　　　資料：聞き取り調査より筆者作成．
　　　　注：上段は PEL 型，下段は非 PEL 型である．

　PEL 型では，園区内に建設されている搾乳ステーションへ乳牛を連れて行き，そこで搾乳を行う．搾乳された生乳はすぐさま乳質検査が行われ，品質の安全性が検査される．乳質基準をクリアした生乳は契約先である乳業メーカーの伊利に販売される．伊利は集荷した生乳量および乳質基準を基に乳価を決定しその金額を農家に支払う．乳価に関しては，乳質に応じて 4 段階のプレミア価格が設定されており，支払いは月単位となっている．また，伊利系列の飼料会社の飼料を給与している場合，生乳 1kg 当たり 0.2 元の補助金が加算されるため，結果として，安価で飼料購入・給与が可能となる支援といえる．また，非 PEL 型の酪農生産に関しても，乳牛の飼養管理，生乳の生産形態自体は PEL 型と同様である．自身の畜舎で乳牛の飼養を行い，搾乳の時には搾乳ステーションへ乳牛を移動させ，搾乳を行い，乳業メーカーへ販売を行っている．

　しかし，乳業メーカーとの取引関係において，双方で相違がみられた．PEL 型の場合，乳業メーカーである伊利と契約を結んでいるため，安定的な販売ルートが確保されていた．また，乳価に関しても市場における飼料価格の高騰などの外部環境の影響にも配慮した価格の設定となっていた．さらに，伊利系列の飼料会社の配合飼料を給与している場合は，乳質基準を満たさなかった生乳に関してもペナルティや飼養管理の指導が行われるものの全量買取りとなっていた．他方，非 PEL 型の酪農生産の場合，契約に関する内容の決定などは乳業メーカー主導で行われている．先に述べたように，乳業メーカーの提示する乳量や乳質などの取引要件に関しては，酪農村全体で要件を満たさないと契約の継続は中止となるリスクを含んでいる．また，乳価の設定に関しても生産者の立場は弱く，乳業メーカーが決定権を持っている．乳代に関しては基本的な支払いは月単位で行われる契約であるが，乳業メーカーの都合により支払いが滞ることもある．このように，酪農家と乳業メーカーとの取引関係においては，酪農家の立場は弱く，不安定な環境下に置かれている．非 PEL 型では，そうしたなかで酪農生産を行わなければならない状況となっている．

　次いで，飼料の取引関係をみると，PEL 型では伊利の系列会社より安価な配合飼料の購入が可能となっていた．また，先に述べたように系列会社の配合飼料を給与している場合，生乳の全量買取りや補助金の支援などの優遇措置が図られていた．さらに，伊利の系列会社の配合飼料を購入する場合，立替支払いによる会計処理が可能となっている．例えば，農家が配合飼料の購入が必要と

なったが現金を所有していない場合，未払いの乳代により配合飼料の購入が可能である．なお，とうもろこしなどの粗飼料に関しては，園区近隣の生産農家より現金で飼料を購入しているが，生産者によって飼料の品質に差異が生じていることが問題となっており，今後の対応が不可欠となっている．他方，非 PEL 型における飼料の取引形態をみると，PEL 型のような安価な配合飼料の購入ルートは存在せず，個々人で取引相手を探し，飼料を購入しなければならない．これは購入するすべての濃厚飼料および粗飼料において同様である．なお，飼料を購入するときには，すべて現金での支払いとなっている．そのため，現金を所有していない場合，飼料の購入が不可能となる．このことは，乳牛への適切な飼料給与を行うことができないことを意味しており，乳牛の乳量および乳質に多大な負の影響を及ぼすこととなる．

　その他の対応関係をみると，乳業メーカーからの飼養管理に関する技術支援の有無が挙げられる．PEL 型の Y 氏の経営では，園区に入居した当時より飼養頭数および搾乳量が増加していた．これは，伊利の系統会社より栄養価の高い飼料を購入できたこと，またその飼料に合わせた飼養管理が行えるようになったことなどに加え，伊利からの飼養管理に関する技術支援を享受したことが大きな要因であると考えていた．また，生乳については，伊利の全量買取りによる販売ルートの確保が，生産者の意欲向上につながっていた．さらに，伊利の系列会社から配合飼料を購入する際に現金が不足している場合，立替支払いの制度により会計処理が行えることは重要な支援であった．こうした支援は，短期的な飼養計画におけるリスク回避要因として作用するとともに，飼養頭数を拡大する場合など，長期的な経営計画を策定する際にも重要な意味を有するといえる．

　他方，非 PEL 型の酪農生産では，飼養管理技術に関する指導は，入居当初に数回行われただけで，その後は一切の指導が行われていない状況であった．入居当時，A 氏および B 氏ともに飼養管理技術が不足しており，分娩後に母体の体調が悪化することや子牛の下痢や乳房炎の発生など多くの問題を抱えていた．両氏のまわりの酪農家においても同様の問題を抱えており，思うように搾乳量の確保ができない農家や雌牛が生まれてこないために規模拡大が図れなかった農家などは経営状況が悪化し，酪農生産を停止してしまった．このように，非 PEL 型の経営では，飼養管理技術に関する支援はほとんど行われなかった．

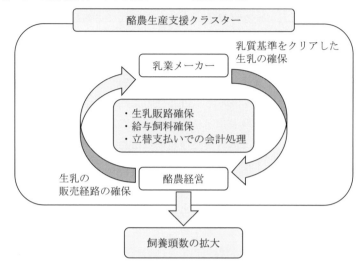

図 7-4　乳業メーカーによる酪農生産支援クラスター
資料：聞き取り調査より筆者作成.

　以上，PEL 型および非 PEL 型の酪農生産の実態を明らかにしたうえで，クラスター形成により享受した支援について検討してきた．PEL 型は，乳業メーカーと契約を行い，様々な支援を享受することで，経営が成長軌道に乗っていることが示唆された．しかし，非 PEL 型においては，ステークホルダーからの支援がほとんどなかったため，経営を取り巻く環境は厳しい状況であることが明らかとなった．図 7-4 は，乳業メーカーによる酪農生産支援クラスターにおいて PEL 型が享受した支援について整理したものである．PEL 型では乳業メーカーより，乳牛の個体管理に資する飼養管理技術の支援，生乳の販路確保支援のほか，乳牛に給与する飼料の確保などの支援が享受されていた．さらに，飼料購入，飼養管理に係る費用に関しては，立替支払いによる会計処理が可能となっていた．PEL 型ではこれらの生産支援を享受していたことにより，飼養頭数の拡大が図られていた．

5．おわりに

　本章では，内モンゴルにおける酪農・乳業の流通構造について整理を行ったのち，乳業メーカーによる支援を享受している小規模酪農経営（PEL 型）およ

び支援を享受していない小規模酪農経営（非 PEL 型）を事例として取り上げ，小規模酪農経営における乳業メーカーとのクラスター形成の実態について検討してきた．その結果，非 PEL 型の酪農生産に比べ，PEL 型では乳業メーカーより，生乳の販売ルートの確保，給餌飼料への補助，立替支払いによる会計処理などの支援を享受していたことで規模拡大が図られている実態を明らかにした．本節では，これらの結果を基に，今後の内モンゴル酪農生産の課題について言及していく．今後，内モンゴルの酪農生産が持続的に行われていくためには以下の 3 点の問題に対応していく必要があると考える．

　第 1 に，良質な飼料の安定的確保である．2008 年の乳質の偽装を目的としたメラミン混入事件以降，乳業メーカーとしては良質の生乳を確保する必要があり，乳業メーカーが求める生乳の品質基準が厳しくなった．そのため，良質な飼料を給与し，乳成分の品質向上を図ることが必要となった．当時，飼料価格が高騰したため，飼料を確保できない酪農家は生産中止に追い込まれた．この時，最も影響を受けたのが，経営の外部から飼料を購入している非 PEL 型の酪農家であった．村に共有地があった場合は，とうもろこしなどの飼料作物の生産を行うことは可能であったが，共有地のない村では飼料の確保は極めて困難なものであった．良質な飼料給与に関する問題は，飼料の生産技術や貯蔵方法などの技術が求められる．また，そうした良質飼料の給与は，一定水準以上の乳質を担保としている生乳販売に結びつき，経営に大きな影響を及ぼすものである．PEL 型の酪農生産の場合，良質な飼料の安定的確保が可能であるとともに生乳の販売ルートが確保されていた．このことは，経営にとって酪農生産の大きなリスク回避の支援であり，持続的な生産へと結びつく．その一方で，非 PEL 型の酪農生産の場合，酪農村単位で一定量以上の生乳の集荷がないと，乳業メーカーに生乳を販売することができない．最悪の場合，搾乳ステーションが停止することとなる．そうした場合，保存期間が短い生乳の販売を行うことは不可能となり，新たな販売先を探さなければならない．販売先が見つからない場合，酪農家は酪農生産の中止に追い込まれることとなる．そのため，酪農家自身がこうしたリスクを回避するために，チーズやヨーグルトなど付加価値の高い生乳製品を製造する技術の習得や外部での販売先の確保を行うなど，多様な生産形態を確立していくことも求められる．

　第 2 に，飼養管理に関する技術指導である．先に述べたように，PEL 型の Y

氏の経営では，伊利からの飼養管理技術の支援により，飼養頭数の増頭[8]や乳量増加などの経営規模拡大が図られていた．他方，非 PEL 型の小規模農家においては飼養管理技術の不足により飼養頭数の増加が困難な状況であった．特に，分娩に係る飼養管理技術が不足しており，特に 2 産目以降の飼養管理が難しく，乳量の大幅な減少がみられた．また，疾病への対応がわからずに，乳牛の能力を低下させたことなど，経営を継続していくことが困難な問題に直面する農家が数多くみられた．さらに，こうした飼養管理に関する技術支援以外にも，今後は，乳牛の自家育成を行っていくことも重要であると考える．生まれてくる子牛が雄の場合，後継牛として残すことは不可能であり，こうした事態は小規模経営にとって大きな負の影響をもたらし経営を圧迫させる．搾乳牛の確保および飼養頭数の拡大を図るためには，経営外部から乳牛を導入する必要がある．経営外部から乳牛を導入する場合，多額の購入費用に加え乳牛に合わせた飼養管理が強いられるなど，経営負担が増大することとなる．そのため，雌子牛を安価で供給することや，性判別精液を導入するなど，後継牛の確保・育成が可能となるようなクラスター形成による支援を行っていくことは重要であると考える．

　第 3 に，金融支援などによる資金提供の問題である．一般的に酪農経営では，飼料購入などの生産諸資材のための多額の運転資金が必要となる．また，導入牛の市場相場によっては多大な資金が必要となる．他方，生乳の販売は直ちに現金化されない．そのため，その間の資金繰りを調整するための資金管理能力が必要不可欠となる．伊利の場合は，生乳の販売を飼料の購入に回すことのできる立替支払いが制度として確立されていた．しかし，非 PEL 型の酪農生産では，そうした支援は存在していなかった．特に，飼料購入の可否は，乳量の確保の問題に直結するため，経営にとって最も深刻な問題となる．今後は，継続的酪農生産が可能となる資金援助の体制強化を図っていくことが重要となる．また，本章で取り上げた B 氏のように，山羊や綿羊の飼養を行うことなど，経営部門の多様化を図り，所得の確保に努めることも今後重要な方策となることが示唆される．

　以上，本章の結果より，明らかとなった課題およびその方策について述べてきた．非 PEL 型に比べ PEL 型では，大手乳業メーカーより様々な支援を享受していたことが経営の成長につながっていた．このことよりクラスター形成に

よる生産支援の重要性が示されたと言える．最後に，特に PEL 型の酪農生産に
付随する問題であるが，将来的な問題として飼養頭数の増頭に関連する問題を
指摘しておきたい．PEL 型の経営では，園区内の施設規模からみて，飼養頭数
は多くても 100 頭前後までと考える．このまま飼養頭数が増頭していくことと
なれば，農家は今後，現状の 100 頭前後の飼養頭数で経営を継続していくのか，
園区を離れ別の場所で規模拡大を図るか，園区内での受委託関係により規模拡
大を図るか，乳業メーカーの意向もあるであろうが，何らかの経営方針の選択
に迫られるであろう．そうした際，飼養頭数の拡大に伴い排泄されるふん尿も
増加していくため，園区内の衛生管理の問題やふん尿の利用方法を含めたふん
尿処理の問題も今後の経営発展にとって大きな阻害要因となることが予想され
る．今後は，こうした小規模酪農経営における経営規模拡大に対する方策およ
びステークホルダーとのクラスター形成が重要になってくるといえる．

注

1）内モンゴルにおいて，急速に規模拡大が進んだ要因に関しては第 6 章を参
　照のこと．
2）2011 年 3 月に行った聞き取り調査の結果を用いる．
3）伊利の概要およびその支援策の詳細については，長命・呉（2010）を参照の
　こと．
4）1 畝は約 6.67a である．
5）購入金額は 21 万 7 千元である．ただし，30 年の間は金利や手数料などは一
　切かからない条件となっており，30 年の間に農家は代金を返済すればよい．
6）事例として取り上げた酪農生産の概要の詳細については，長命・呉（2010）
　を参照のこと．
7）1 斤＝約 0.5kg
8）調査を行った園区では，伊利が管理している精液はなく，近隣の牧畜局が管
　理している精液を購入し，種付けを行っている．牧畜局により所有している
　精液の種類は異なる．当該園区を管轄している牧畜局では，4 品種，合計 40
　頭の種雄牛の精液が管理・販売されている．料金設定に関しては，6 段階に
　分かれており，最も低い精液は 25 元（精液代 20 元＋受胎確認後の代金 5
　元），最も高い精液は 69 元（精液代 42 元＋受胎確認後の代金27 元）となっ

ている.

引用文献

鳥雲塔娜・福田　晋（2009）「内モンゴルにおける生乳の流通構造と取引形態の多様化－フフホト市を対象に－」『九州大学大学院農学研究院学芸雑誌』64（2）：161-168.
鬼木俊次・加賀爪優・双　喜・根　鎖・衣笠智子（2010）「中国内モンゴルにおける生態移民の農家所得と効率性」『国際開発研究』19（2）：87-100.
北倉公彦・孔　麗（2007）「中国における酪農・乳業の現状とその課題」『北海学園大学経済論集』54（4）：31-50.
小宮山博・社富林・根　鎖（2010）「中国・内モンゴル自治区の酪農経営の実態－フフホト市近郊酪農家を対象に－」『農業経営研究』48（1）：95-100.
薩日娜（2007）「内モンゴル半農半牧地区における酪農業の現状と課題－興安盟を事例に－」『農業経営研究』45（1）：103-108.
新川俊一・岡田岬（2012）「変貌する中国の酪農・乳業〜メラミン事件以降の情勢の変化と今後の展望〜」『畜産の情報』267：60-74.
達古拉（2007）「「生態移民」政策による酪農経営の課題」『アジア研究』53（1）：58-65.
朝克図・草野栄一・中川光弘（2006）「中国内蒙古自治区における龍頭企業の展開にともなう農村経済の変容－フフホト市における乳製品メーカーと酪農家の対応を事例として－」『開発学研究』16（3）：55-62.
長命洋佑・呉金虎（2010）「中国内モンゴル自治区における私企業リンケージ（PEL）型酪農の現状と課題－フフホト市の乳業メーカーと酪農家を事例として－」『農林業問題研究』46（1）：141-147.
長命洋佑・呉金虎（2012）「中国内モンゴル自治区における生態移民農家の実態と課題」『農業経営研究』50（1）：101-106.
中国乳業協会編（2011）『中国乳業年鑑 2010』中国農業出版社.
中華人民共和国国家統計局編（2011）『中国統計年鑑 2010』中国統計出版社.
長谷川敦・谷口清（2010）「中国の酪農・乳業の概要」独立行政法人農畜産業振興機構編『中国の酪農と牛乳・生乳製品市場』農林統計出版：1-30.

第 8 章　大手乳業メーカーにおける共通価値の創造による酪農生産・貧困対策

1．はじめに

　近年，経済のグローバル化や AI，ICT などの技術進歩がみられる一方で，地球規模での環境問題や貧困問題はますます深刻化しており，企業を取り巻く環境は大きく変化してきている．そうした状況において，今後イノベーションを創出する活動が重要となってきている．企業では，営利的な生産組織として社会的な役割を担うとともに，市民と同様に法律を遵守することや社会活動を行うことの重要性が高まっている．また，地域社会においては，地域社会の発展に貢献する取り組みが期待されるとともに，社会的な責任に対する透明性や説明責任が強く求められるようになった．そのような状況において，多くの企業は寄付や慈善事業などを通じて社会貢献を行う CSR（Corporate Social Responsibility：企業の社会的責任）の活動に取り組んできている [1]．例えば，農業分野においては親元企業の CSR 活動の一環として，社会への公共性や倫理性を果たすために，農業参入を行う企業も存在している．具体的には，ハンディキャップを持つ人々を雇用し農業経営を行うケア・ファームなどの取り組み事例がみられる（小田ら 2013）．

　その一方で，先に述べたように企業を取り巻く社会情勢は近年急速に変化しており，社会問題や環境問題の解決への積極的な関わりが求められるようになってきている．そうした中，社会問題解決に資する事業活動に，企業の新たな経済的価値やイノベーションを創出する戦略として CSV（Creating Shared Value：共通価値の創造）が注目されている．CSV の取り組みは，企業として社会的目標への取り組み活動を発信することによる企業価値の向上のみならず，社会的課題の解決は長期的な視点からも利益を生む可能性があり，新たなビジネスモデルとして期待されている．こうした CSV の概念は，SDGs（Sustainable Development Goals：持続可能な開発目標）（国連広報センター 2015）[2] における取組活動や Society5.0（内閣府 2016）の考え方にも共通するところがあり，

経済発展と社会的課題といった問題に取り組むことで，持続可能な産業の推進，地域間の格差是正や環境問題の解決などが期待されている．特に近年では，様々な業種との結びつき（ネットワーク）が進展し，多様なステークホルダーとのクラスターが形成されてきている（長命 2019）．そのため，CSV に関する取り組みに関しても，これまでの範疇を超える広義でのクラスター形成が図られ，展開していくことが想定される．

　こうした CSV に関する研究では，製造メーカーを中心として，企業におけるビジネスモデルとしての貧困対策や環境問題などを取り上げた成果は蓄積されつつあるが，経営戦略の 1 つとしての農業生産およびクラスター形成についての取り組みを対象とした研究蓄積は少ないのが現状である．

　そこで本章では，食品企業における酪農生産を事例として取り上げ，CSV の取り組みを明らかにするとともに，クラスター形成およびイノベーション創出について検討する．具体的には，国際的な食品企業であるダノン社（以下，ダノンと記す）における CSV 活動を取り上げ，酪農生産による経済発展および社会的課題を両立する取り組み実態を明らかにし，クラスター形成およびイノベーション創出について検討する．ただし，今日の企業活動において，CSR をまったく無視して活動を行っている企業はほとんど見られないこと，また企業における CSV および CSR の取り組みについては，親和性が高いものが多く，明確に区分することが困難であると想定されるため，本章では，CSR を含む CSV の取り組みについて検討を行うこととする．以下，次節では，経済的価値と社会的課題を解決する共通価値の創造に関する概念整理を行う．第 3 節では，ダノンへの聞き取り調査の結果を用いて，酪農生産における取り組み実態を明らかにする．第 4 節では，本章のまとめを行う．

2.　経済的価値と社会的課題を解決する共通価値の創造

（1）受動的 CSR から戦略的 CSR へ

　ポーター・クラマー（Porter and Kramer 2006）は CSR に対して，企業は，自社の活動が社会や地球環境に及ぼす悪影響を相当改善してきたことに触れつつも，企業と社会は対立するものとしてとらえていること，CSR は可もなく不可もない対応に終始していることを指摘しており，現在の CSR の考え方は，部分

2. 経済的価値と社会的課題を解決する共通価値の創造　151

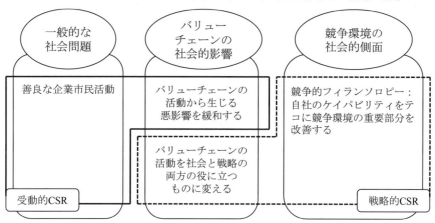

図 8-1　受動的 CSR から戦略的 CSR へ
　　　　資料：ポーター・クラマー（2006）より筆者作成.

的であり，事業や戦略とも無関係で，企業が社会に資するチャンスを限定して
いると述べている．なお，ポーター・クラマー（2006）は CSR の対象となる社
会問題に関して図 8-1 に示す 3 つの分類，すなわち，「一般的な社会問題」，「バ
リューチェーンの社会的影響」，「競争環境の社会的側面」に分類したうえで，
受動的 CSR と戦略的 CSR の概念を提示している．受動的 CSR とは，外部の声
に対処するものであり，善良なる企業市民として行動し，ステークホルダーの
社会的関心ごとの変化に対応すること，および事業活動の現実や未来の悪影響
を緩和すること，の 2 つの要素で構成されている．他方，戦略的 CSR とは，「善
良な企業市民」「バリューチェーンの悪影響の緩和」から一歩踏み出し，社会と
企業にユニークかつインパクトの大きいメリットをもたらす活動に集中するこ
とを意味する．この戦略的 CSR では，「内から外への影響」と「外から内への
影響」の両方が関係しており，ここに「共通の価値」を実現するチャンスがあ
ると指摘している（ポーター・クラマー2006）．このように，戦略的 CSR は企
業と社会が対立するものではなく，相互依存関係にあるととらえ，企業と社会
の共通価値を創出するものであるといえよう．

（2）CSV の概念

　ポーター・クラマー（2011）は，企業の事業活動こそが，社会問題，環境問

題，経済問題の元凶であり，企業は地域社会の犠牲のもとに繁栄しており，社会がうまく機能していないのは企業のせいであると非難する風潮が蔓延していることを危惧している．また，ポーター・クラマー（2011）は，経済効率と社会の進歩との間には，トレード・オフの関係があるという考え方が慣行化していることを問題視したうえで，本来，企業は事業活動と社会を結びつけるために，率先して行動しなければならないのにも関わらず，ほとんどの企業はいまなお CSR という考え方にとらわれていると述べている．そして，企業にとって，社会問題は中心課題ではなく，その他の課題であることに対し，企業の事業活動に警鐘を鳴らすとともに，資本主義が危険に瀕している状況であることを指摘している（ポーター・クラマー 2011）．

　なお，ポーター・クラマー（2011）は，これまでの CSR に関して，道徳的義務，持続可能性，事業継続の資格，企業の評判の4点について，企業と社会の対立関係に着目し検討を行っている．その結果，CSR は企業戦略や業務プロセスなどを実施する地域とはかけ離れており，その多くが，企業戦略や業務プロセスとは無関係な CSR 活動や慈善活動が行われ，社会的に価値のある成果を上げることもなく，長期的な企業競争力にも貢献していないことを指摘している．このことは，企業の寄付やフィランソロピー，メセナなど，企業の本業以外の社会貢献活動に対する批判であり，企業は社会とともに価値創造を行うことにより，競争力強化と社会的課題解決の統合を目指すべきであることを示しているといえる．

　本来，競争企業の源泉は，企業を取り巻く地域社会との健全な関係にある．しかし，近年では企業はほぼ自己完結的な存在であり，社会問題や地域社会の問題は守備範囲外となったことで，企業と地域社会との接点が失われ，価値創造の本来的な機会が消失してしまったとポーター・クラマー（2011）は指摘している．そこで彼らは「共通価値の創造（CSV）」を提示した．共通価値の概念については，「企業が事業を営む地域社会の経済条件や社会状況を改善しながら，みずからの競争力を高める方針とその実行」と定義している．なお，この定義では，社会価値を生み出すための CSR を戦略的に行うことにより，企業にとっての価値も創出しようとする戦略的 CSR が基礎となっている．またこの概念には，価値の原則を用いて，社会と経済の双方の発展を実現しなければならないという前提が置かれている．ここでの価値とは，便益だけでなくコストと比べ

た便益と定義されている．さらに，ポーター・クラマー（2011）は，企業本来の目的は単なる利益ではなく，共通価値の創出であると再定義すべきであると指摘している．ゆえに CSV とは，従来の経済的ニーズだけでなく，社会的ニーズによって市場は定義されることを前提としたうえで，社会のニーズや問題に取り組むことで社会的価値を創造し，その結果として，経済的価値が創造されるというアプローチであるといえる．

　企業は社会的価値を創造することで経済価値を創造できるとされており，そのための方法として，ポーター・クラマー（2011）は以下の 3 点を提示している．第 1 に，製品と市場を見直すことである．これまでないがしろにしてきたビジネスにおける基本的な姿勢である自社製品は顧客の役に立つのか，また，顧客の顧客の役に立つのか，という点を見直すことが重要である．すなわち，企業はまず，自社製品によって解決できる社会的ニーズや便益，および害悪を明らかにすることで，これまで見逃していた新市場の存在に気づくことが可能となるほか，新たなイノベーションが創出されることも期待できる．例えば，健康に良い食品や環境に配慮した製品による新たな市場開拓などが考えられる．第 2 に，バリューチェーンの生産性を再定義することである．企業のバリューチェーンは，天然資源や安全衛生，労働条件などに関与する社会問題との間に高い親和性があるため，共通価値の観点からバリューチェーンを見直せば，イノベーションを実現し，企業が見逃してきた新しい経済的価値を発見することができる．第 3 に，企業が拠点を置く地域を支援するクラスターをつくることである．企業は，自己完結できるものではなく，いかなる企業もその成功は支援企業やインフラに左右されている．例えば，成長著しい地域経済を見ると，例外なくクラスターが形成されており，生産性，イノベーション，競争力などにおいて重要な役割を果たしている．こうしたクラスターの形成に関して北川（2018）は，自社でコントロールできる範囲が狭く，先に述べた 2 つの方法より難しいこと，機関相互の地理的な距離も重要であるが人的ネットワークを形成し良好な信頼関係を築き，社会関係資本を増大していくことで CSV は実現に近づくと指摘している．

　また，企業の経営戦略としての CSV の意味合いとして，赤池（2013）はイノベーションの創出を指摘しており，CSV では，社会問題と自社の強みとの関係，社会と自社事業活動との相互影響関係など，社会との関わりを見直すことで，

ステークホルダーとの協働により自社とは異なる知恵を得ることが可能となり，新たな価値，イノベーションが創出されると述べている．さらに，福沢（2015）はCSVに関して，中小企業はサプライチェーンを自ら構築していける大企業とは影響力が異なることから，ネットワークを形成することで共通価値を見出し，社会的課題解決に向かうことを本業に取り入れることができればCSVの実現に近づくと述べている．

（3）CSRとCSVの違い

図8-2は，CSRおよびCSVの違いを整理したものである．CSRでは，企業に要求されるものは善意の行為，例えば，寄付やボランティア活動などの事業以外の部分で社会に貢献することの性格が強いといえる．また，そうした行為は自社で利益を生み出し，その一部を社会還元すること，利益を社会のために

CSR Corporate Social Responsibility	CSV Creating Shared Value
●価値は「善行」	●価値はコストと比較した経済的便益と社会的価値
●シチズンシップ，フィランソロピー，持続可能性	●企業と地域社会が共同で価値創出
●任意，あるいは外圧によって	●競争に不可欠
●利益の最大化とは別物	●利益の最大化に不可欠
●テーマは，外部の報告書や個人の嗜好による	●テーマは，企業ごとに異なり，内発的
●企業行政やCSR予算の制約を受ける	●企業の予算全体を再編成する
●例：フェアトレードで購入	●例：調達方法を変えることで品質と収穫量を向上

いずれの場合も，法律および倫理基準の遵守と，企業活動からの害悪の削除が想定される．

図8-2　CSRとCSVの違い
　　　資料：ポーター・クラマー（2011）より筆者作成．

活用すべきであるという考え方である．自社企業で積極的に CSR 活動を実施している こともあれば，公害問題や環境問題などの問題を引き起こしているが，企業の利益の一部を使用し，問題を相殺しようとするために CSR を活用していると とらえられることもある（尹・野口 2015）．すなわち，CSR では，ある一定の費用支出が事業活動に含まれたものであることも想定される．他方，CSV における価値創造では，実際のコストと比較し，いかに経済的価値と社会的価値を生み出すことができるのかが重要である．

　ポーター・クラマー（2011）は，外部からの圧力により行動するのではなく，企業自身の価値観において行動を起こす CSV は，資本主義の概念と対立することなく，企業の事業活動の持続可能性と正当性を担保することができると述べている．図 8-2 に示すように，CSR は社会問題解決にかかわる様々な費用は，外部からの評価も含め，利益を最大化するために必要な要素として認識されている一方，CSV は社会的・経済的な効用を増加させることが長期的な利益獲得，ひいては企業競争力向上のための機会として認識されている．すなわち，CSR は，限られた予算内で事業活動が強いられるが，CSV では，企業の長期計画として，経済的・社会的価値を創造するために，企業全体の組織および予算を再編成することが可能である．名和（2015）は，CSV は CSR のほか，フィランソロピー（社会貢献活動）でもなく，企業が戦略的に利益を獲得していく新しい発想であると述べている．

　名和（2015）は，CSR と CSV との関係に関して，図 8-3 のように，従来型の資本主義，CSR，CSV の関係を社会価値と経済価値の 2 軸で示している．右下に位置している従来型の資本主義（Pure Pursuit of Profit）は，純粋に利益だけを追求するので，経済価値は高いが，社会価値は低い．また，経営者の不正やコンプライアンス不全に陥った企業は，社会価値のみならず経済価値も失うこととなり，図中では左下に位置することとなる．さらに，企業の責任は利益最大化であるが，税金を納めるのであれば，より自分たちが望む社会貢献をしたいと考えたのが左上に位置する CSR である．ただし，利益が出た時にだけ社会貢献するのでは，免罪符になりかねないため，本業を通じて社会価値も経済価値も強くするのが右上に位置する CSV である（名和 2015）．なお，企業における経営資源を活用し，企業活動の一部門として CSR 活動を行う場合は，右下から左上への矢印が想定される．

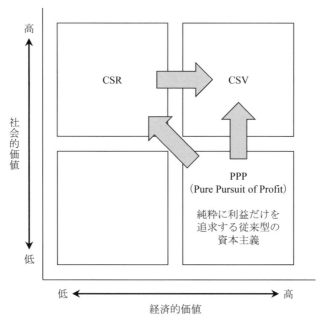

図 8-3　CSR から CSV へ
資料：名和（2015）に基づいて，筆者加筆修正.

　以上で述べた CSV に対して，批判的な見解もある．堀江（2018）は社会問題
をビジネスチャンスとして捉える CSV は，持続可能で効果の高い活動が期待さ
れるが，その一方で収益化に結びつき難い社会問題には貢献しづらいという問
題を指摘している．また，岡田（2015）は，CSV への批判として次の3点を挙
げている．第1に，経済性と社会性のトレード・オフ問題を過小評価し，具体
策を講じることができていない点である．第2に，コンプライアンスを果たせ
ていない企業が世の中にあまりにも多く存在する中で，CSV を推奨することに
どれだけの重要性があるのかという点である．第3は，CSV を活用しようとす
る企業が，本来目的とすべき企業全体の行動変革の視点を欠如してしまってい
る可能性についてである．さらに，足立（2018）は CSR から切り離された CSV
は，利益本位で利己的な成長モデルになるため，社会的な信用は得られないこ
とを指摘している．
　以上のように，CSR は，企業利益の社会的還元を重視し，企業的価値に関す
る情報の発信に基軸を置いているのに対し，CSV では，企業の長期的な利益を

見込んで，経済的価値と社会的価値を創出していこうとするものといえる．ただし，多くの企業にとって，社会的価値と経済的価値の双方を同時に満たすような事業展開は容易なことではない．また，CSV は義務として必ず取り組まなければならないものではなく，それぞれの企業における経営戦略の問題であるといえる．

3. ダノンにおける酪農生産

　以下，本節では CSV に取り組んでいる事例としてダノンへの聞き取り調査の結果をもとに，酪農生産を軸としたクラスター形成とイノベーション創出の取り組みについて述べていくこととしよう．ダノンは，水（ミネラルウォーター）やヨーグルトなどの製造・販売のみならず，環境問題や貧困対策などの解決にも積極的であり，経済的価値と社会的価値の両立を目指している多国籍企業である．聞き取り調査は，2018 年 9 月にオランダユトレヒトの研究所で行った．なお，聞き取りの調査内容はオランダ同社における酪農生産の取り組みであることに留意する必要がある．

(1) ダノンの概要

　ダノングループは，1919 年に設立され，フランス・パリに本社をおく国際的な食品企業である．ヨーグルトと水（ミネラルウォーター）から始まったビジネスも現在では，シリアル食品やビスケットなど 9 つのカテゴリーへ拡大し，製品を世界的に製造・販売している．2017 年時点では，売上高は 247 億€であり，国別ではアメリカが 18%，フランスが 9%，中国・ロシアが 7%となっており，欧米で売り上げ全体の 53%を占めている．現在 124 ヶ国でダノンの商品が販売されているが，そのうち 55%は現地の名称で販売されている．ベビーミルクなどの乳幼児関係の商品の売り上げは全体の 29%（7.1bn€）を占めており，世界第 2 位のシェアを占め，医療向けの売上高はヨーロッパで 1 位となっている．また，清涼飲料水関係は 52%（12.9bn€）を占め，ネスレ社に続き世界第 2 位となっている．清涼飲料水の内訳としては，乳製品がおよそ 1/3，植物関連商品が 2/3 となっている．さらに飲用水に関しては売上高の 19%（4.6bn€）となっている．

　ダノンにおける会社方針は,人々の健康促進や地域社会貢献,環境保全など,さまざまな面から取り組みを行っており,経済的側面と社会的側面の双方の価値向上に努めている.この会社方針は,1972年に初代CEOであるアントワーヌ・リブー氏が「デュアルコミットメント」という企業哲学を提唱したのがはじまりとなっている.さらにこうした哲学を踏襲した現CEOのファーベル氏は,これから大切なのは,人類が必要な食料だけを増やすのではなく,自然の生態系を保全していくことであり,この活動を「アリメンテーション(栄養・滋養の意味)・レボリューション」と称し,様々な分野で積極的な活動を行っている[3].このように,ダノンは「経済成長と社会貢献の両立」という企業哲学の下,短期的な利益の獲得のみならず,生態系保全,貧困対策や新興国の酪農家支援など地球規模でのビジネスモデルを射程に入れ,長期的な視点で企業活動を行っている[4].

　現在,ダノンにおける事業活動では,健康促進に関する事業に注力している.消費者へ健康に良いものを届けること,そのために乳製品の味覚を最も大切にしている.また,近年では消費者の嗜好も変化してきており,それらの変化に対応するため,ヨーグルトの他に植物を使用した商品開発なども拡大していく予定である.商品ラインナップに関しては,社会情勢の変化への対応を図ってきた.例えば,家族構成が多様化してきたことや消費用途が変化してきたことが大きな特徴といえる.具体的には,朝忙しい時に消費できるものや食事の後に消費できるものなど,消費者の生活スタイルに合わせた商品開発が必要となってきた.さらに近年では,消費者はその商品がどのようにして作られたのか,どのような経路をたどってきた原材料なのか,などの生産履歴に関する情報(トレーサビリティ)へのニーズ・意識が高まってきている.そのため,ダノンとしては消費者のニーズに応えるために,情報の説明・開示を行っていく責任・必要性が生まれてきた.現在では,消費者はnon-GMO商品への関心を高めている.例えば,乳牛に給与する飼料のほか,植物原材料など,すべての原材料に対する対応が求められている.現在,アメリカでの生産ラインに関しては,すべてnon-GMOへの転換が図られており,ヨーロッパに関しても数年後にはすべての原材料がnon-GMOとなる予定である.

(2) ダノンにおける酪農生産活動

　現在，ダノンでは全世界で 14 万の酪農家と契約を結び，直接買取りを行っている．生乳に関しては，社員がトラックで酪農家を訪問し集荷している．生乳の購入価格に関しては，市場価格での取引でなく，固定乳価で取引を行っている．また，植物原材料に関しては，現在，第三者からの購入もあるが，5〜10 年後にはすべて自社の原材料となる予定である．

　ダノンでは農家に対して，農家の生産コストを算出し，コスト低減を目指すモデル（コストパフォーマンスモデル：CPM）を提示している．現在，酪農家の 4 割とデータを共有しており，コスト削減や品質向上の検討を行っている．またダノンからは，酪農家へのアドバイスのみならず，投資も行っている．例えば，酪農家において，搾乳ロボットが必要な場合，ビジネスモデルを用いて，共同で導入を図っている．さらに，2 割の酪農家とは，乳牛に関する乳量や乳価のデータのみならず飼料費などの生産コストや経理データの共有を行っており，5 カ年で経営改善が可能となる計画を作成している．酪農家に対しては，実際の CPM を導入して，どのくらいのコスト削減が達成されたのか，どれくらい利益が生まれたのかなどの経営評価を行っている．モデル導入から 5 年後に，効果が見られた酪農家に対しては継続するかの意思確認を行うが，思ったような効果が出ていない酪農家に対しては，追加投資などの具体案の提示を行い，経営改善に努めている．

　この CPM モデルは，8 年前にアメリカで導入し，EU では 4 年前より導入している．アメリカで最も早く導入した経緯は，当時 1kg 当たりの乳価の乱高下が激しく，生産コストの平準化を図ることでリスク回避が可能となると考えたためである．コスト削減の実績としては，8 年前に 3,000 頭を飼養していた農家は，乳価の下落により牛の飼養を中止しようと考えていたが，CPM モデルを導入した結果，現在では 5 つの牧場で 1 万頭を飼養するまでに規模拡大した事例などがある．農家にとってのメリットは生乳価格やマージンが固定されているため，キャッシュフローを気にすることなく，飼養頭数の増頭や施設拡大など長期的な経営計画が立てやすいことである．他方，ダノンのメリットは，CPM モデルの成功率が向上することで，一定水準以上の品質を有する生乳の集荷量が増加することである．このようにダノンでは，農家を直接管理することはできないが，様々な支援策を講じることで，より良い経営を作り上げていくための関係が構築されている．

　CPM モデルの実施にあたっては，酪農家との信頼関係が最も重要である．特に，お互いが信頼し合う関係を構築することではじめてデータの提供・還元が可能となる．なお，CPM モデルの実施にあたっては，特別な費用はかからず無料となっている．データの回収に関しては，月に 1 度，ダノンの社員が酪農家のところを訪れる．その際，チームの現場担当者が酪農家と一緒に必要なデータを収集する．現在では，ヨーロッパやアメリカのデータ蓄積により，農家のプロファイルが可能となっている．そのため，もし CPM モデルを利用している農家の知人でこのモデルを利用したい場合，これまでの導入農家の実績や信頼関係などにより，利用に関する飼養環境の情報収集が容易となり，スムーズに交渉を行うことができる環境が整っている．

　酪農家との契約に関しては，生乳集荷の効率性の問題から，製造工場から半径 300km 以内の酪農家としか契約は行っていない．それ以外の条件としては，一定程度以上の品質基準を満たすことや乳量を確保する必要があるため，少頭数の飼養規模の酪農家と契約することは難しく，概ね 100 頭程度の酪農家と契約している．なお，ダノンでは，新たに工場を建設するよりも工場自体を買収することが多く，その工場に集荷していた酪農家と契約を結び，取引を継続している．契約の条件に際しては，GAP の認証などは必要としていない．後述するように，生産地域で品質に格差があるため，現状としては，ある特定の乳製品の原材料に特化した生産を行ってもらうなど，現地で可能な対応を図っている．

　近年，ルーマニアに新たな工場を設立した．乳量や品質，牛の健康状態やアニマルウェルフェア，さらには労働者のウェルフェアなども詳しく調査し，契約する農家を探した．しかし，1970 年代の社会情勢などの影響もあってか，多くの農家は 5 頭以下の飼養頭数と小規模であり，技術水準も低いのが現状であった．そこで，20 戸の農家を 1 つのグループにして，100 頭規模の搾乳ステーションを建設し，そこで生乳の集荷を行うなど現地の状況に応じた対応を図っている．

　さらに，現在では，北アフリカが重要な生産拠点となっており，エジプト，モロッコ，アルジェリアなどの途上国での取り組みを行っている．しかし，平均飼養頭数が 3 頭と零細であり，給餌飼料が不足し乳牛の栄養状態も悪く乳量や品質に課題があった．そのため，CPM モデルを採用する段階ではなく，基本

的なモデルでの技術改善を行い，持続的な経営が可能となる支援を行っている．例えば，エジプトでは，現地で飼料の購入が困難であるため，飼料生産に関係する種子会社と協力して，デントコーンや小麦などの栽培を開始した．現在では，年間を通して牛に飼料を給与することが可能となり，乳牛の飼養管理の改善が図られている．さらに，基本的な飼養管理技術が不足しており，規模拡大が困難な状況であるため，地域の獣医師などの関係者とも協力関係を築いている．このように，現地の生産活動においては，農家だけでなく地域全体の関係者が知識を共有し，長期的な視点で生態系全体を維持・発展させていくことに努めている．

　ダノンでは1970年代からの方針として，生産に関しては，すべて現地での生産を基本とする方針を掲げている．例えば，アメリカなどから飼料を購入する短期間の付き合いであると，飼料に問題が生じた場合，生産現場に影響をもたらすこととなる．そのため，現地で飼料生産を行い，現地の乳牛を飼養し生乳の安定供給を可能とする取り組みを重視してきた．このようにダノンでは，生産現場を重視し，持続可能な取り組みを行っていくことで，長期的な利益を生み出すことに努めている．

（3）ダノンにおける共通価値の創造

　以上，ダノンにおける酪農生産の取り組みについてみてきた．ヨーロッパやアメリカなどの酪農先進地域においては，効率的な酪農生産に資するクラスターを形成していたといえる．またその際，CPMモデルの導入が経営改善に大きな影響をもたらしており，イノベーションを創出していることが示唆された．

　他方，ルーマニアや北アフリカなど，酪農生産技術が不足している生産地域では，農家に対する支援に注力していることが明らかとなった．特に北アフリカ地域では，酪農生産に係る飼養管理技術，給与飼料や飼養頭数が不足していたため，酪農経営の持続性が大きな社会的課題であった．ダノンは自社がヨーロッパやアメリカで構築した酪農生産のノウハウやCPMモデルを活用すれば，持続的な酪農経営が可能であると考え，そこに社会的価値を見出したといえる．ただし，ノウハウを活用できる技術水準に達していなかったため，現地の飼養環境に合わせた支援を行うこととなった．具体的には，酪農生産に不足していた飼料は種子会社と，また乳牛の個体管理に関しては獣医師と，それぞれ地域

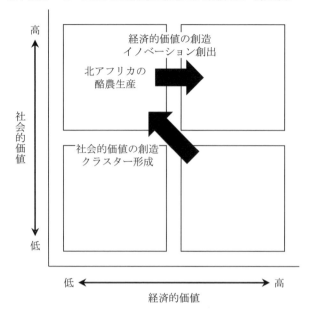

図 8-4　ダノンにおける酪農生産のクラスター形成とイノベーション
　　　　資料：聞き取り調査より筆者作成.
　　　　注：右下から左上への実線は，クラスター形成の方向を，左上から右上への
　　　　実線は，イノベーションの方向を示している.

の関係者と協力関係を築くことで改善を図った.これらの関係構築は，石倉ら
（2003）が指摘しているような初歩的なクラスターの形成であるといえる.そ
の後，現地での飼料生産活動も基盤が整い，飼料給与問題が解決され，通年で
乳牛に飼料が供給できる体制が構築されている.今後は，現地の資源を活用で
きる飼養管理技術を向上させ，飼養頭数の拡大を図っていくためのイノベーシ
ョン創出が期待される.

　これら北アフリカでの酪農生産の取り組みを示したのが図 8-4 である.北ア
フリカでの酪農生産は，ダノンと関係を構築する以前は，右下に位置していた
といえる.その後，取り組みの初期段階においては，ダノンが社会的価値を見
出し，経営資源の投入や現地関係者との協力体制を築き，初歩的なクラスター
を形成した.クラスターの形成により，ダノンにおける取り組み活動は左上へ
と移動したことが想定される.この時点では，北アフリカにおける酪農生産支
援の側面が強く，ダノンの取り組みとしては，CSR 的な性格が強いことが示唆

される.

　その後, 現地での飼養管理技術や飼料生産活動などの支援が行われた. 現在では, 飼料給与の問題も解決されたことで乳牛・生乳の改善が図られ, 経済的価値を見出し, 新たなイノベーションの萌芽が生まれつつある段階にあるといえる. すなわち, 図 8-4 の左上から右上に推移しつつあることが示唆され, CSV としての活動が顕在化しつつあるといえる. 今後, 長期的な視点で酪農家およびダノンにおける CSV の活動をより顕在化させていくためには, CPM モデル導入による経営改善や飼養管理技術向上による飼養頭数の増頭, さらには搾乳ステーション建設による生乳集荷などの支援とともに現地での乳製品販売の実施・支援が重要となってくるといえる.

4. おわりに

　本章では, 食品製造業における酪農生産を事例として取り上げ, CSV の取り組みを明らかにするとともに, クラスター形成とイノベーション創出についての検討を行った. まず, 経済的発展と社会的課題解決のための取り組みである CSV の概念整理を CSR との関係において整理した. 次いで, 国際的な食品企業であるダノンへの聞き取り調査の結果を用いて, ダノンにおける CSV の取り組みを明らかにしたうえで, クラスター形成およびイノベーション創出について検討を行った.

　CSV の概念整理に関しては, 従来の CSR との相違について検討した. CSR は, 企業利益の社会的還元を重視し, 企業的価値に関する情報の発信に基軸を置いているのに対し, CSV では, 企業の長期的な利益を見込んで, 経済的価値と社会的価値を創出していこうとするものであることを示した. 次いで, ダノンにおけるアメリカやヨーロッパの酪農生産の事例では CPM モデルの導入により効率的な生産が行われていることを示した. さらに, 北アフリカの酪農生産の事例では, 活動当初は支援側面が強く, CSR 的な性格が強い初歩的なクラスターが形成されていることを指摘した. その後当該地域では乳牛の飼養管理に関するクラスターが形成され, 飼養管理状況が改善されたことにより, 新たなイノベーションの萌芽が生まれつつあることを指摘した. これらのことより, ダノンの取り組みは CSR 的な側面から CSV としての活動の側面へと移行して

いる段階にあることを示した.

　ただし，本章で取り上げた事例は，大規模なグローバル食品企業における CSV や CSR の活動であったため，今後は，国内における中小規模の食品製造業や中小企業にビジネスサイズで比肩する農業法人経営などを対象に，イノベーションを創出するクラスター形成の実態について検討していく必要があると考える.

注

1) 経済産業省（2004）では，CSR は一般的に「企業が法律遵守にとどまらず，市民,地域及び社会などの企業を取り巻くステークホルダーに利するような形で,自ら，経済，環境，社会問題においてバランスの取れたアプローチを行うことにより事業を成功させること」などととらえられているとしており，また，CSR における重要な概念は，「トリプル・ボトム・ラインと呼ばれるものである. これは，収益をやみくもに犠牲にしてまで社会や環境に貢献するのではなく，経済・社会・環境の3側面のバランスをうまくとりつつ事業活動を遂行していくという考え方である. CSR は，単純に社会や環境にとって善いことをすればよいだけということではなく,企業の経済性も含めての企業の事業活動のあり方そのものに関係することなのである」と記している. なお，CSR に関する背景に関しては，萩原（2005）や橘高（2006）に詳しい.

2) 2015 年 9 月，国連サミットで「我々の世界を変革する：持続可能な開発のための 2030 アジェンダ（Transforming our world: The 2030 Agenda for Sustainable Development)」が採択され，誰一人取り残さないというコンセプトの下, 2030 年を期限とする 17 の持続可能な開発のための目標と 169 のターゲットが定められた. そのなかで，農業・食料問題に関連する分野をみると，食料に関する問題では，目標2「飢餓をゼロに」が目標1「貧困をなくそう」に次ぐ目標として掲げられており，特に貧困層および幼児を含む脆弱な立場にある人々への食料供給が重要となっている. また，農業生産者を取り巻く問題として，目標8「働きがいも経済成長も」や目標9「産業と技術革新の基盤をつくろう」が掲げられており，途上国などでの雇用問題や技術革新への取り組みが期待されている. さらに，環境問題として，目標12「つ

くる責任つかう責任」，目標 13「気候変動に具体的な対策を」，目標 15「陸
の豊かさを守ろう」，目標 14「海の豊かさを守ろう」などが掲げられており，
食料廃棄物などの問題を解決し，環境負荷を低減することが求められている．
3) ファーベル氏は，「アリメンテーション・レボリューション」を含むダノン
の活動理念について，以下のようにインタビューで答えている．グローバル
化が限界に差し掛かっている現状において，生態系を維持していくためにも，
世界各地で続いてきた食文化（食習慣，レシピ，食資源）を永続させる必要
がある．ダノンはあらゆる生態系を維持していくというゴールの下に，ロー
カルでのビジネス，「ローカルに徹するグローバル」に答えがあると信じて
取り組みを行っている．我々が，なぜ，生態系保全，貧困対策や新興国の酪
農家支援を積極的に行うのか，これらを長期的に取り組み続けることが，ダ
ノンの利益成長につながることを丁寧に説明すると，大半の投資家が理解を
示してくれる．さらに，こうした姿勢は従業員にも同様の効果をもたらして
いる．現在，ダノンで働く従業員の大半は，我々の長期的な考えを理解し，
それに共鳴してくれている．すなわち，給料や報酬以上に，ダノンが社会に
対して貢献している，ということにやりがいを感じている人が多いと思う．
長期的な目標があるから，今頑張ることを従業員も明確に意識できる．逆接
的であるが，長期的な視点で利益を考えることこそが，短期的なゴールを達
成する力を生むと考えている（ファーベル 2017）．
4) ダノンは 2005 年にグラミン銀行とともに，グラミン・ダノン社を設立し
た．グラミン・ダノンは，「子どもの健康増進と貧困の削減」をミッション
に掲げ，栄養状態の悪い貧困層の子どものために，成長に必要な高栄養素の
ヨーグルトを可能な限り低価格で発売してきた．しかし，あらゆる手を尽く
しコスト削減を図ったが，それでも貧困層には手が届きにくい価格でしか販
売できなかった．そうしたなか，これまで使い捨てであった容器を食べるこ
とのできる容器へと，発想の転換を図ることで，貧困層へのヨーグルトの販
売とともに，環境問題の改善にもなるイノベーションを創出した（名和
2015）．なお，こうした取り組みに関しては，グラミン銀行の創設者である
ユヌス（Muhammad Yunus 2015）は，飢餓，病気，教育などの人種を悩ます
社会課題，経済問題，環境問題をビジネスによって解決するソーシャル・ビ
ジネスとして位置付けている．

引用文献

赤池 学（2013）「次世代経営戦略としての CSV」赤池 学・水上武彦著『CSV 経営：
　社会的課題の解決と事業を両立する』NTT 出版：10-67.
足立辰雄（2018）「ポーターの CSV 概念の批判的考察」『立命館経営学』56（6）：107-122.
石倉洋子・藤田昌久・前田 昇・金井一頼・山崎 朗（2003）「日本の産業クラスター戦
　略に向けて」石倉洋子・藤田昌久・前田 昇・金井一頼・山崎 朗著『日本の産業
　クラスター戦略－地域における競争優位の確立－』有斐閣：263-284.
エマニュエル・ファーベル（2017）「規模追求はもう限界．理念を軸に会社作り直し "社
　会派 CEO"，仏ダノンのファーベル氏に聞く」『日経ビジネス Digital』.
岡田正大（2015）「CSV は企業の競争優位につながるか」『DIAMOND ハーバード・ビジ
　ネス・レビュー』40（1）：38-53.
小田滋晃・長命洋佑・川﨑訓昭・長谷 祐（2013）「次世代を担う農企業戦略論研究の課
　題と展望」『生物資源経済研究』18：43-60.
北川泰治郎（2018）「北海道の中小企業における CSV の可能性」，『商学討究』，69（1）：
　111-130.
橘髙研二（2006）「企業の社会的責任（CSR）について－思想・理論の展開と今日的なあ
　り方－」『農林金融』59（9）：532-541.
経済産業省（2004）「通商白書 2004－「新たな価値創造経済」へ向けて－」ぎょうせい：
　57-115.
国際連合広報センター（2015）「我々の世界を変革する：持続可能な開発のための 2030
　アジェンダ」，https://www.mofa.go.jp/mofaj/files/000101402.pdf（2020 年 5 月 10 日参
　照）．
長命洋佑（2019）「畜産クラスター形成による生産拠点創出と競争力強化」『畜産の情報』
　350：27-41.
内閣府（2016）「Society 5.0「科学技術イノベーションが拓く新たな社会」」，https://www8.cao.
　go.jp/cstp/society5_0/（2020 年 5 月 10 日参照）．
名和高司（2015）『CSV 経営戦略：本業での高収益と，社会の課題を同時に解決する』
　東洋経済新報社.
萩原愛一（2005）「企業の社会的責任（CSR）－背景と取り組み－」『調査と情報』476：
　1-10.
福沢康弘（2017）「中小企業における CSV 実現に向けた一考察：ネットワークを媒介と
　したアプローチに関する検討」『開発論集』100：141-160.
堀江 明（2018）「自治体産業政策と共通価値の創造：CSV による持続可能な仕組みづ
　くり」『龍谷ビジネスレビュー』19：1-19.
マイケル・E・ポーター，マーク・R・クラマー（2006）「競争優位の CSR 戦略」『DIAMOND
　ハーバード・ビジネス・レビュー』33（1）：36-52.
マイケル・E・ポーター，マーク・R・クラマー（2011）「共通価値の戦略」『DIAMOND
　ハーバード・ビジネス・レビュー』36（6）：8-31.
ムハマド・ユヌス（2015）「ソーシャル・ビジネスというもう一つの選択肢」『DIAMOND
　ハーバード・ビジネス・レビュー』40（1）：78-85.
尹 敬勲・野口 文（2015）「共有価値の創造（CSV）の概念の形成と課題」『流経法学』
　14（2）：41-58.

第 9 章　ICT を活用した酪農におけるイノベーションを創出するクラ
　　　　スター形成―オランダの酪農経営を事例として―

1.　はじめに

　近年，ICT（情報通信技術）の技術進歩は目覚ましく，農業分野においても
政府主導で ICT の運用を推進するため，「スマート農業」の実現に乗り出して
いる（農林水産省 2014）．特に，省力化・軽労化，精密化・情報化などの視点
から，ICT，RT（ロボット技術），AI（人工知能）などの活用による農業技術革
新が図られている．南石（2017）は，先進的な農業法人においては他業種の企
業経営と同様に，経営発展に資する様々な場面において，ICT 活用による新た
な経営管理の重要性が高まっていることを指摘している [1]．こうしたスマート
農業の実践では，ICT を利用する農業生産者のみならず，研究機関，農業機械
メーカーや IT 企業など様々な分野におけるステークホルダーとのクラスター
形成による新たな技術開発・技術革新への期待が高まっている．
　農業の ICT 導入において，早い段階で取り組みが行われてきたのが酪農であ
る．酪農においては，365 日休むことなく行われる搾乳や給餌，繁殖管理，哺
育などの作業負担軽減が大きな課題であり，それら作業の省力化・軽労化のた
めに，ICT の導入が図られてきている．酪農で ICT 導入による情報化が進んで
きた理由として，施設内で情報機器の利用が比較的容易であること，管理する
個体数が多いこと，それらの情報は日々の乳量や健康などの明確な数値データ
であることなどが挙げられる（佐藤 2019）．酪農の生産現場では，搾乳ロボッ
トに加え，発情発見や分娩監視装置，自動給餌機や餌寄せロボット，哺乳ロボ
ットなどの自動化が行われはじめている．さらに，近年では，クラウド化によ
って酪農家全体の個体管理を請け負うスマート管理ソフトウェアの提供と各種
情報分析を行う企業が登場し，注目を浴びている．酪農では日々蓄積される牛
群データは膨大となっており，もはや酪農家自身が情報を蓄積・管理し，分析
を行うことは不可能な状況になっており，AI などを活用した総合的なスマート
酪農の需要が期待される状況となっている（佐藤 2019）．こうした ICT の活用

は高橋（2018）が指摘しているように，飼養管理における省力化を図ることを目的に開発された機器であるが，単に飼養管理者のサポートをするだけでなく，乳牛飼養のあり方そのものも変えてしまうようなイノベーションを有した技術であるといえる．

　そこで本章では，酪農生産における企業との研究開発や実用化を試みているクラスター形成に注目し，取り組み実態を明らかにするととともに，今後の酪農生産の展望について検討することを目的とする．以下では，ICT を活用した畜産のクラスター形成に関して，オランダの先進的酪農経営を事例として取り上げ，課題に接近する．なお，本章におけるクラスターの範囲は，長命・南石（2020）を参考とし，飼料生産や家畜飼養から流通・消費に至る水平的な連携（川上から川下までの事業連携）とする．また，各段階において見られる，例えば，IT 企業との共同研究・開発などの連携もクラスターの範囲に含まれるものとする[2]．

　以下，次節では酪農生産において主に導入されている ICT について整理する．第 3 節では，オランダに本社を置く農業機械メーカー LELY 社（以下，レリー）の酪農生産における ICT の特徴について整理する．第 4 節では，オランダにおいて ICT を活用している先進的酪農経営を事例として取り上げ，クラスター形成の実態を明らかにする．最後，第 5 節では，酪農生産における今後の ICT 活用とクラスターの展望について述べる．

2. 酪農生産における ICT 省力化技術

（1）酪農における作業労働時間

　農林水産省（2020a）によると，一人当たりの労働時間は，酪農は 2,249 時間（2018 年）であり，肉用牛（繁殖）の 1,537 時間，肉用牛（肥育）の 1,887 時間，養豚の 1,911 時間と比べ，最も長いものとなっている．

　表 9-1 は，搾乳牛 1 頭当たり年間の作業労働時間を示したものである．平均の作業時間を見ると，直接労働 93.23 時間，間接労働 6.33 時間で合計 99.56 時間となっており，直接労働が 9 割以上を占めている．作業労働時間の中で，最も労働時間が長いのが，搾乳及び生乳処理・運搬の 47.12 時間となっており，全作業の 47.3% を占めている．次いで，長い時間となっているのが飼料の調理・

表 9-1　搾乳牛 1 頭当たりの作業労働時間

単位：時間/年，（ ）内%

| | 合計 | 直接労働時間 | | | | | その他 | 間接労働時間 | |
| | | 計 | 飼育労働時間 | | | | | | 自給牧草に係る労働 |
			飼料の調理・給与・給水	敷料の搬入・きゅう肥の搬出	搾乳及び牛乳処理・運搬				
令和元年	99.56 (100.0)	93.23 (93.6)	21.52 (21.6)	11.11 (11.2)	47.12 (47.3)		13.48 (13.5)	6.33 (6.4)	4.80 (4.8)
飼養頭数規模									
1～20 頭未満	194.18 (100.0)	179.49 (92.4)	46.61 (24.0)	24.85 (12.8)	84.66 (43.6)		23.37 (12.0)	14.69 (7.6)	11.37 (5.9)
20～30 頭	148.98 (100.0)	138.49 (93.0)	36.18 (24.3)	17.87 (12.0)	64.09 (43.0)		20.35 (13.7)	10.49 (7.0)	8.78 (5.9)
30～50 頭	123.93 (100.0)	116.26 (93.8)	29.52 (23.8)	13.40 (10.8)	56.97 (46.0)		16.37 (13.2)	7.67 (6.2)	5.88 (4.7)
50～100 頭	98.67 (100.0)	91.54 (92.8)	20.61 (20.9)	10.75 (10.9)	46.64 (47.3)		13.54 (13.7)	7.13 (7.2)	5.43 (5.5)
100～200 頭	76.56 (100.0)	73.14 (95.5)	15.78 (20.6)	7.88 (10.3)	38.89 (50.8)		10.59 (13.8)	3.42 (4.5)	2.25 (2.9)
200 頭以上	65.47 (100.0)	61.56 (94.0)	11.05 (16.9)	8.02 (12.2)	33.16 (50.6)		9.33 (14.3)	3.91 (6.0)	2.89 (4.4)

資料：農林水産省（2020b）『農業経営統計調査　令和元年生乳生産費』より筆者作成.

給与・給水であり，21.52 時間と全作業の 21.6%を占めている．これら 2 つにおいて，全作業のおよそ 7 割弱を占めている．

　こうした傾向はどの飼養頭数規模層においても同様であるが，規模が大きくなるにつれ，労働時間は減少している．例えば，200 頭以上規模の経営では搾乳牛 1 頭当たりの作業労働時間は 65.47 時間と，合計作業労働時間が 194.18 時間である 1～20 頭未満規模のおよそ 3 分の 1 の時間となっている．その一方で，各飼養頭数規模において，最も作業労働時間が長いのが搾乳であったが，規模が大きくなるについて，作業時間の割合が大きくなる傾向がある．例えば，100 頭以上の規模層においては，全作業時間のおおよそ半分を占めており，従事者にとって負担の大きい作業であることがわかる．また，飼料の調理・給与・給水は，どの規模でも 2 番目に作業割合が高く，最も割合が高かったのは 20～30 頭規模の 24.3%，最も低かったのが 200 頭以上規模の 16.9%であった．どの飼養頭数規模においてもこれら 2 つの作業労働時間割合はおおよそ 7 割を占めていることから，ICT 活用による負担軽減・省力化が期待されている．以下では，作業時間割合が大きい搾乳および飼料調理・給与に関する ICT について整理する．

（2）搾乳ロボット

　搾乳ロボットは1970年頃から研究が開始され，欧州を中心に研究開発が行われてきた．搾乳ロボットは乳牛の個体に取り付けられている電子タグで識別し，搾乳ロボット内で予め設定した濃厚飼料を給餌することによって，自発的な乳牛の搾乳ロボットへの進入および搾乳を促す仕組みとなっている．搾乳の主な手順は，マッサージ，乳頭洗浄，乳頭位置計測，ティートカップの装着，前搾り，本搾乳，乳成分検査，ティートカップの離脱，洗浄であり，1頭当たりの搾乳時間は5〜7分である（佐藤 2019）．これらの作業は，自動化され，無人で24時間稼働が可能となっている．図9-1は，実際の搾乳作業の様子である．図9-1-①は，搾乳ロボットの外装であり，②は，ティートカップの装着を行う様子，③は搾乳時の様子である．また図9-1-④は，搾乳牛1頭当たりの総乳量や搾乳速度，各乳頭ごとの乳量や搾乳速度を視覚的に把握できる計測画面である．

　図9-1　搾乳ロボットによる搾乳の様子（筆者撮影）
　　注：①〜③は，搾乳ロボットおよび搾乳の様子．④は，総乳量と乳頭ごとの
　　乳量や速度を示している画面.

なお，何らかの不具合が生じた場合は，その乳頭へのティートカップの装着は行われず搾乳が開始される．搾乳ロボットでは，搾乳にかかる乳量や搾乳速度などのデータが収集・蓄積される．収集・蓄積されたデータに関しては，農業機械メーカーがデータを解析し，酪農経営へフィードバック（例えば，乳量に関して，時系列で視覚的に把握できるグラフ）を行うシステムが構築されている．

　さて，こうした搾乳ロボット 1 台当たりの性能に関しては，例えば，家畜改良事業団（2017）では，搾乳回数 150〜160 回/日程度，稼働時間 20 時間/日以上を目標とした場合，1 頭当たりの搾乳時間は 7 分半から 8 分であり，1 時間に搾乳が可能な頭数は，7〜8 頭程度と試算している．搾乳ロボットは 1 台で約 60 頭の搾乳が可能といわれているが，それ以上の飼養頭数になると 2 台，3 台と増設する必要がある．しかし，搾乳ロボットは 1 台約 2,500 万円と高価なものであるため，多頭化を図るには相当額の投資が必要となる．年間の出荷乳量が 1 万 t を超えるような巨大酪農（ギガファーム）が登場してきているが，こうした牧場で，搾乳ロボットによる搾乳作業を行う場合，20 台，30 台の搾乳ロボットが必要となり，膨大な費用とメンテナンス代がかかることとなる．そのため，ある程度の飼養頭数規模以上になると，第 6 章で述べたようなロータリーパーラーの導入を検討しなければならないことが想定される．ちなみに，一度に 60 頭の搾乳が可能なロータリーパーラーを導入した場合，1 周およそ 12 分程度，1 時間で 300 頭程度の搾乳が可能であり，1 頭当たり搾乳時間は 4〜5 分程度となっている（長命 2020）．

　搾乳ロボットへの期待効果として，千田（2015）は以下の 6 点を挙げている．それらは，1）乳房拭き・消毒・ミルカー着脱作業，早朝や夜間の搾乳作業や患畜の分離搾乳作業からの解消，2）個体ごとの産乳量に応じた飼料給与による無駄な飼料の削減，3）過肥などによる繁殖障害の減少，4）体調不良個体（起立不能，歩けない・食べない個体）の早期発見，5）乳頭カップの個別離脱による過搾乳による乳房炎の減少，乳質や体細胞数，細菌数の確認による乳質低下ペナルティの減少，6）多回搾乳による個体乳量の増加，であり，労働負担の軽減および省力化，病気等の早期発見による個体管理などの効果が期待されている．一方で，ロボットのセンサーが認識できない乳頭（交差乳頭など）や機械音を怖がってロボットに近づかないなどの理由により，搾乳ロボットに適合しない

牛の淘汰が問題となっている．特に，牛群の更新に関しては，乳牛の個体価格が高騰している場合，経営外から乳牛を導入し牛群を更新することは，経営を圧迫することとなる．また，牛群の更新は，導入費のみならず，牛を新たに牛舎および牛群に馴致させるための飼養管理も肉体的・精神的に大きな負担となる．

　以上のような特徴を有している搾乳ロボットであるが，高橋（2018）が指摘しているように，経営の方針として，多回搾乳による乳量の増加を目指すのか，それとも無人搾乳という省力化に重点を置くのか，あるいは両方を目指すのか，汎用性の高い機器ゆえに，あらかじめ，搾乳ロボットの使用方針について検討を行っておく必要である．また，高橋（2018）は，搾乳ロボットをうまく使用するためには，しっかり歩くことができる乳牛と牛舎施設（通路床構造）が確保されているか，そして，乳牛の自発的な行動を待つことができる経営者かどうかが重要であると指摘している．これらのことより，搾乳ロボットは，乳牛の個体能力を引き出し，向上させることのみならず，省力化などの作業負担軽減も可能となるが，導入にかかる初期費用やメンテナンス費用などを考慮することが重要となる．それゆえ，搾乳ロボットの初期導入・追加導入に際しては，現状の経営規模および将来展望などを勘案し，今後の経営方針および経営戦略に即した形で導入を検討することが必要である．

（3）自動給餌システム（自動給餌装置・給餌ロボット）

　先に示したように，搾乳作業に次いで労働時間が多くなっているのが飼料の給餌作業である．飼料給餌では，自動給餌システムの導入が行われている．このシステムは自動で餌の配合を行い，牛舎内をロボットが走行し，牛に飼料を給餌するものである（図9-2）．農業機械メーカーにより，様々なシステムがあるが，例えば，レリーのシステムの場合，フィードグラバーが牛舎内の飼料置き場に搬入された飼料をミキシングホッパーへ積み込む．図9-2-①・②はその作業の様子である．グラバー自体が重量を計測するため，誤差がある場合は検知を行い，修正するため精密な飼料の積み込みが可能となっている．ミキシングホッパー内では，細断用のカッターナイフが装備されており，投入された飼料の細断を行い，TMRの調製を行う（図9-2-③）．給餌ロボットは，牛舎内に設置したレールを使って移動を行い，飼料の給餌を行う（図9-2-④）．しかし，

図 9-2　自動給餌システム（自動給餌装置・給餌ロボット）の様子（筆者撮影）
注：①・②は飼料置き場の飼料をミキシングホッパーへ積み込むフィードグラバーが行う様子．③はミキシングホッパー内部の様子．④は給餌ロボットの走行の様子．⑤は，餌寄せロボットの充電の様子．

飼槽に給餌された飼料は牛が食べ散らかすことによって食べ残しが生じることから，牛が食べやすい位置（飼槽側）に餌を寄せながら走行するとともに，飼料の残食量のチェックも行う．残りの飼料量が少ない場合は，飼料置き場へ移動し，牛群ごとに合わせた飼料の量を上記の用途で調製し給与を行う．また，レール吊下げ方式の給餌ロボットを導入している場合は，牛舎内のレールを走行しないため，餌寄せロボットを導入し対応している．餌寄せロボットは，1日数回無人で設定した時刻に走行し，その他の時間は所定の位置で充電を行う

（図9-2-⑤）．こうした自動給餌ロボットの活動により，乳牛の採食不可能時間を減少させ，乳牛への多回給与による乾物摂取量の増加および，残食を減らすことで搾乳量の増加が期待できる．また同時に，飼料の利用率を高めることで飼料コストの削減にもつながる．特に，搾乳ロボット利用の場合は，常時，飼槽に採食可能な飼料を配餌し，乳牛の移動を平準化する必要があるため，餌寄せの機能を有したロボットは必須であると高橋（2018）は指摘している．

3.　レリーにおけるICTの特徴

　レリーは，オランダの酪農家コルネリス氏とレリー氏の兄弟が，1948年に創業した酪農機器の専門メーカーである．同社は，オランダに製造拠点を2か所，研究開発拠点を3か所，営業拠点をオランダに2か所，米国に1か所，それぞれ有しており，代理店を含めると世界50ヵ国以上でビジネスを展開している[3]．レリーは酪農分野の自動化ソリューションに関わる製品やサービスを提供しており，主力製品である自動搾乳ロボットをはじめ，乳牛の個体管理ソリューション，自動給餌ロボットなどの酪農用牛舎内作業の自動化機器や，スマートフォンによる遠隔操作が可能なシステムなどを提供している（佐藤・石井　2020）．

　レリーでは，1992年に搾乳ロボット（Astronaut：アストロノート）の発売を開始した．日本では1997年に1号機が稼働している．レリーにおける創業当初からの経営コンセプトの1つが「酪農家の生活改善」であり，この発想からアストロノートは開発され，日本でも600台以上が稼働している[4]．近年では，搾乳ロボットだけでなく，自動給餌装置，清掃ロボット，乳牛の個体管理センサーなど，レリーのクラウドシステムを利用した管理が行われており，スマートフォンから必要なデータが閲覧できるシステムが構築されている（佐藤・石井　2020）．

　レリーのイノベーションの1つが牛舎内のレイアウトである．通常，搾乳ロボットを導入している多くの牛舎は，飼料を給餌する餌槽に行くためには，搾乳ロボットで搾乳をする必要がある設計となっている．これは，牛舎内の通路を柵で仕切り，一方通行の動線で牛の行動を制限するレイアウトである．しかし，このレイアウトでは，飼料を給餌するために搾乳する必要のない牛も搾乳ロボットを通過しなければならず，搾乳ロボットの稼働が非効率となる．一方，

図 9-3　牛舎内の様子（筆者撮影）

図 9-4　清掃ロボットの走行の様子（筆者撮影）

レリーでは，図 9-3 に示すように，これまで牛群で飼養管理するために設けていた柵を設けず，牛が好きな時に，搾乳ロボット，餌槽，休むためのベッドなどへ自由に移動できるレイアウト（フリーカウトラフィック）を提示している．

なお，乳牛が搾乳ロボットへ行く目的は，乳牛自体が搾乳を行うことが主であるが，ロボット内で給餌される栄養分飼料（濃厚飼料）を摂取することも誘因となるように工夫が施されている．牛舎の餌槽は TMR から濃厚飼料を取り除いた飼料を給与し，搾乳ロボット内では個体の搾乳量に応じて必要な栄養分の濃厚飼料を給与する PMR（パートリー・ミックスド・レーション）[5] を給餌している．このことにより，乳牛個体の乳量に応じて必要な濃厚飼料を給与することが可能となり [6]，通常の TMR よりも効率的に飼料給餌が行われるため，飼料コストの低減につながる．このシステムでは，牛自身が搾乳したいタイミング，飼料を給餌したいタイミングで行動することが可能となる．

また，牛舎内では，先に述べた自動給餌装置で TMR 飼料が調製され，給餌ロボットが走行することで，多回給餌による採食量の増加および採食不可能時間の減少，残食減少などの飼料管理が行われている．さらに，24 時間ふん尿を掃除するロボット（清掃ロボット）が牛舎内を巡回している．レリーが推奨する牛舎では，床がすのこ状となっている．清掃ロボットは，牛舎を走行しながら，床下にふん尿を落とす仕組みとなっている（図 9-4）．床が清掃されることで牛の蹄や乳房もきれいな状態が保たれ，衛生的な環境となっているほか，ふん尿の清掃により牛舎内の悪臭は軽減されるなど，乳牛のストレス軽減に配慮した飼養環境となっている．

4. オランダの酪農経営におけるICT利用とクラスター形成

　本節では，2018年9月に行ったオランダの酪農経営への聞き取り調査の結果をもとに，ICTを活用した酪農生産クラスター形成におけるイノベーション創出の可能性について検討する．以下では，オランダにおける先進的酪農経営の事例として，2つの牧場を取り上げる．両牧場とも，農業機械メーカーであるレリーと連携し，搾乳ロボットをはじめ様々なICTを導入している．また，両者において飼養管理に関するアプリの研究・開発を行うなど，研究開発・実用化型のクラスターを形成している．経営の概要に関しては，表9-2に示すとおりである．

（1）A牧場におけるICT利用とクラスター形成

　A牧場は，3人の兄弟で経営している．長男は32歳（畜産卒），次男は28歳（畜産卒）で酪農経営以外のところで仕事をしており，三男は22歳で大学の畜産学科に通っている．牛舎にはレリーの搾乳ロボット2台，哺乳ロボット，清掃ロボット2台，自動給餌装置，自動餌給餌ロボット，餌寄せロボットを導入している．

　A牧場の飼養頭数は，乳牛130頭，子牛70頭である．搾乳ロボットでの搾乳は1日当たり2回程度となっており，乳量は305日乳量で約10,500kgと，日本

表9-2　調査経営の概要

	A牧場	B牧場
労働力	3名	3名 1)
導入しているICT	搾乳ロボット（2台）	搾乳ロボット（2台）
	哺乳ロボット（1台）	清掃ロボット（1台）
	清掃ロボット（2台）	
	自動給餌装置（1台）	
	自動給餌ロボット（1台）	
	餌寄せロボット（1台）	
経産牛（頭）	130	110
未経産牛（頭）	70	20
個体乳量（kg）	10,500	11,000
搾乳回数	2回程度	1〜3回

資料：聞き取り調査より筆者作成．
注1)：うち女性1名を含む．

の平均乳量よりも高い水準となっている．なお，乳脂率は 4.2%，乳タンパクは 3.5% となっている．生乳は，粉ミルクの生産会社であるブルーデンヒル・デイリー・フーズ（Vreugdenhil Dairy Foods）に出荷している．同社は，オランダ国内で約 900 の農家と契約している最大規模の企業である．生乳 1kg の価格は 2011 年では 32 ¢ であったが，現在は 36 ¢ にまで上昇している．ただし，ここ 2 〜3 年は 25〜50 ¢ で変動するなど，生乳価格の変動幅が大きいとのことである．

飼養している品種に関しては，乳用種のホルスタインと乳肉兼用種であるベルギーブルーを飼養している．雄子牛が生まれた場合，肥育農家に販売するが，14 日間までは売却できないため 15 日目以降に売却する．取引価格は，ホルスタインの雄では 150€，雌は 60〜80€，ベルギーブルーの雄は 300€，雌は 200€ が相場であり，雄の方が高い価格となっている．なお，乳牛に関しては，耕作面積に対する飼養頭数の制約など当該地域の制約が影響しており，累積搾乳量が 5 万 kg 程度に達すると，年齢や乳量に関係なく，廃用牛として売却していた．

飼料に関しては，飼料生産の農地面積は 65ha であり，所有および借地の割合はそれぞれ半数程度となっている．飼料用の農地 10ha では飼料用トウモロコシを，また 55ha の牧草地では牧草を生産しており，粗飼料自給率は 100% となっている．その他の給与飼料に関しては，フランスの飼料会社から購入している．飼料給与に関しては牛群を 8 つに分け，牛群ごとに，粗飼料，濃厚飼料，ミネラルなどの配合を変えて給与している．飼料の調製は，2 日に 1 回，牛舎内に設置されている自動給餌装置で行っている．その他，頭数枠権利の関係で，ふん尿を販売している．

A 牧場は 1982 年に，現在の生産者の両親が 30 頭の乳牛飼養から，酪農経営を開始した．その後，2011 年ごろに，経営継承の話が持ち上がった．兄弟が経営を継ぐ意志がない場合，両親は牧場を売却する考えであった．3 人の兄弟は，専業では，酪農経営を継ぐ意思はなかったが，3 人で分担し，他に仕事を持ちながらの兼業での形なら，酪農経営を継承してもよいという意向であった．そのため，将来的に 3 人とも仕事をしながら酪農経営が可能となるように，飼養管理の自動化を念頭に置いた経営づくりを考え，支援してくれる農業機械メーカーを探した．兄弟は，オランダ各地の牧場や農業機械メーカーを見学した後，搾乳ロボットなどの ICT の見積を 4 社に依頼し契約先を選定した．搾乳ロボットに関しては，他のメーカーも性能自体はほぼ同じであった．しかし，給餌ロ

ボットの性能が優れていたことが決め手となり，最終的にレリーに決定したとのことである．

　その後，2012年にレリーと契約を行った．その際，搾乳ロボットや牛舎の仕様に最適なICTの導入費用など，約150万€の投資（約2億円，牛舎の減価償却は20年，その他ICTの減価償却は10年）を行った．レリーのICTを導入した後は，飼養管理に関するデータの収集およびデータの分析結果のフィードバックが行われ，経営の改善が図られている．また，そうしたデータの連携を図ることでICTの改善や管理システムに関する共同研究を行っている．

　レリーとの契約以前は，現在と同等の乳牛100頭規模で飼養していたが，乳量は約8,000kgであった．しかし，レリーとの契約後は，305日乳量は約10,500kgへと増加した．乳量が約30％増加した理由として，搾乳ロボットのみならず，その他の清掃ロボットや自動給餌器，牛の給餌や搾乳などの行動も含め，畜舎全体で，ICT導入による最適化を考慮した結果であると考えていた．すなわち，牛舎全体が生産の効率化と省力化を可能とする設計により，飼養管理環境が改善され，乳量が増加したといえる．

　ICTの情報利用に関しては，レリーの3つのスマートフォン・アプリを利用していた．1つ目は，経営全体の乳量や飼料給餌量など状況確認を行うアプリである．2つ目は，日乳量，総乳量，給餌量，発情確認など，個体ごとの飼養管理状態を把握するアプリである（図9-5）．なお，このアプリでは，個体の疾病状況までの確認はできないのが欠点である．3つ目に，体調不良や分娩時など異常が見られる個体を連絡してくれる緊急時の警告アプリである．これらは，搾乳ロボットで収集されたすべてのデータを利用できるほか，データ解析が行われスコア化されるため，視覚的に時系列で牛の健康状態を把握することができるようになっている．警告アプリに関しては，これまで6年ほど使用しているが3週間に1度程度，首のタグの汚れなどによるセンサーのエラーが発生し

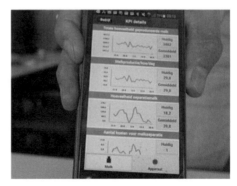

図9-5　スマーフォンアプリの画面（筆者撮影）

たほか，年に 3・4 回程度，軽度のトラブルが生じることがあったが，すぐにレリーの社員が対応してくれたため，経営を揺るがすような大きな問題にはならなかった．なお，次男はこの牧場に住んでおり，長男・三男も 5 分以内のところに住んでいる．朝夕（6 時から 8 時もしくは，16 時から 18 時の間）に兄弟の誰かが牛舎の見回りを行っているが，基本的には見回りをする以外，特別な作業は行っていないとのことである [7]．すなわち，この牧場では，緊急時以外は作業を行っておらず，従業員一人体制もしくは無人でも飼養管理を行うことが可能となっている．こうした実態は，これまでの酪農生産のあり方を一変させるイノベーションの要素を含んだ取り組みであるといえる．

　また，ICT を用いて収集した様々な飼養管理現場のデータは，レリーに蓄積されている．蓄積されたデータを解析することにより，発情や分娩の検知や疾病記録など，生産の効率化や改善に資するデータのフィードバックが行われ，新たな個体管理システムの構築が図られている．現在，レリーへのデータ提供とともに，アプリの改良・開発に共同で取り組んでいる．なお，レリーとの契約におけるデータの所有に関しては，データの所有権は農家にあり，レリーは社内でデータの解析を行う権利がある．ただし，アプリのオプションでは，第三者とデータを共有できる機能があるため，経営者の判断で第三者とのデータ共有は可能となっている．現在，A 牧場とレリーとの間で，個体管理のためのアプリ開発が行われており，将来的には，企業と酪農現場とが結びついた新たな事業創出の動きが加速することが予想される．

（2）B 牧場における ICT 利用とクラスター形成

　次いで，B 牧場の概況について示す．B 牧場は，経営者の 3 代前にあたる兄弟 2 人がこの地に移住し，酪農経営を行ったのが始まりである．B 牧場の飼養頭数は，経産牛 110 頭，未経産牛 20 頭であり，6 歳から 7 歳まで飼養した後，肉用牛として出荷している．子牛が生まれた場合，雌子牛は後継牛として自家育成を行い，雄子牛は生後 2 週間後に出荷する．生まれてくる子牛の性別は，雄子牛 60%，雌子牛 40%程度となっている．現在，150 頭まで飼育できる権利をもっているが，政府の割り当てが 5 年ごととなっているため，長期的な経営計画・判断を行うことは難しい状況とのことである．

　導入している ICT は，搾乳ロボット 2 台，清掃ロボット 1 台である．搾乳ロ

ボットは，1999 年に最初に導入した．その後，2011 年に搾乳ロボットの更新を行っている．現在は，レリーの搾乳ロボットを 2 台導入している．餌の給餌に関しては，ロボットは導入しておらず，トラクター作業で行っている．なお，搾乳ロボットの更新に伴い，じゃがいもの栽培を中止するとともに畑を売却し，新たに牛舎を増築している．

　生乳の生産量は 1 頭当たり 11,000kg であり，搾乳回数は，分娩後は 2〜3 回，乾乳期前になると 1 回となっている．生産した生乳に関しては，3 分の 2 は，近隣のチーズ工場へ販売し，残りの 3 分の 1 は，世界最大級の酪農協同組合である Friesland Campina の工場に販売している．B 牧場では，1999 年と早い時期から搾乳ロボットを導入していたため，明確な搾乳ロボット導入による乳牛個体の乳量変化は不明である．ただし，2013 年より契約を開始したチーズメーカーへの年間販売量は，2013 年の 20 万 kg から 80 万 kg へと大幅に増加していたことから，搾乳ロボット導入後，経営として規模拡大が図れていることが示唆された．

　飼料生産に関しては，牧場周辺に 80ha の牧草地があり，そこで牧草生産と年間 120 日間の放牧を行っている．また 20ha の飼料畑があり，とうもろこしやライ小麦等の飼料を生産している．なお，不足している飼料は外部から購入していた．

　B 牧場では，レリーの搾乳ロボットを利用しているほか，2017 年から IT メーカーの Connecterra 社とアドバイザー契約を行っている．B 牧場では Connecterra 社から提供されている 3D の「Ida for Farmer（Intelligent Dairy Farm Assistant）」センサー（以下，Ida センサー）のタグを全頭に装着している．ちなみに，Connecterra 社は，マイクロソフト社で AI や機械学習のシステム開発を行っていた現社長が 2015 年に設立した会社である．

　Ida センサーでは，牛の健康状態や活動状況に関する情報をリアルタイムで収集し，AI が機械学習に基づいて解析することで，生産者に有益な情報を提供するプラットフォームである．Ida センサーには，分娩日が近づくと SMS（ショートメッセージ：Short Message Service）アラートで知らせる機能や，乳房炎や跛行などの病気の予兆発見機能，病気の対処方法などを提示するツール，飼料や牛舎での管理方法などを変更した際の経済価値などを分析するツールなどがある（佐藤・石井 2020）．これらのアプリ機能は，時系列で視覚的に理解し

やすい表示画面となっていることが特徴である.

　こうしたアプリ利用において最も効果があったのは,発情発見であり,以前と比べかなり正確に認識できるようになったと生産者は感じていた.Ida センサー導入以前は,毎日 20〜30 分程度,目視観察を行っていたが,導入後は目視よりも精度が向上するとともに,観察からも解放された.牛舎にいなくてもスマートフォンで確認することが可能となり,他の作業を行うことに時間を使えるようになった.

　また,乳牛の病気や発情に関しても大きな変化が見られた.病気や発情に関しては,搾乳ロボットでも生乳の検査などを行うことで発見可能であるが,高精度で発見することは困難である.Ida センサーを導入することで,直接,発見することは困難であるが,飼料の給餌速度や咀嚼回数などの情報をリアルタイムで獣医師と共有することで早期の発見が可能となり,個体の健康状態が改善されたのである.

　Ida センサーの使用料に関しては,1 頭当たり月 4.0€（別途,導入費用として65€/頭）がかかるプランと,導入費用なしで 1 頭当たり月 7.5€かかるプランの2 つがある.B 牧場では Connecterra 社とアドバイザー契約を結ぶことで,センサー貸し出しや保険,クラウドシステム利用料,メンテナンスなど,1 カ月当たり 7.5€かかるシステムを無料で利用している.データに関しては,所有権は農家にある.しかし,クラウドシステム上にデータはあるものの,アプリに提供される情報のみの利用となっており,データ自体を自分自身で分析したりす

図 9-6　牛舎の様子（筆者撮影）

図 9-7　スマートフォンアプリの画面（筆者撮影）

ることはできない．なお，通常，Ida センサー使用におけるバッテリーの交換
は，5 年に 1 度程度が目標となっているが，現在は研究開発のために大量のデー
タを計測しているため，1 年に 1 回の交換が必要となっている．

　以上のように，B 牧場では，Ida センサーの導入およびデータ提供によるアプ
リ開発・研究により，様々なメリットを享受している．飼養管理における情報
提供および技術開発が Connecterra 社との間で行われ，双方にとって有益となる
クラスター形成が図られていることが示唆された．特に，発情発見に関しては，
人工授精のタイミングを逃すことがなくなり，受胎率は 80％と高い数値となっ
ている [8]．なお，現在は，給餌や給水などの識別が可能となるセンサーの開発
を共同で行っている．

（3）ICT 活用によるイノベーションを創出するクラスター形成

　以上，搾乳ロボットなどの ICT を導入した酪農経営では，畜舎全体で酪農飼
養のシステムを構築することにより，飼養管理が改善され，乳量や繁殖成績な
ど，個体能力が向上したことが示唆された．それらステークホルダーとのクラ
スター形成を示したのが図 9-8 である．

　本章で取り上げた酪農経営では，最新の ICT を導入することにより，生産現
場からの様々なデータが共同研究を行っている農業機械メーカーに蓄積されて
いた．蓄積されたデータを解析することで，発情や分娩の検知や疾病記録など，
生産の効率化や改善に資するデータのフィードバックが行われていた．また携
帯アプリなどで，時系列での個体情報の見える化が可能となったことにより，
酪農従事者と農業機械メーカーのみならず，獣医師との間でクラスター形成が
図られ，新たな飼養管理方法や個体管理システムの構築が行われていることが
示唆された．

　なお，A 牧場では飼養管理においては，生産者も意識しているように，搾乳
ロボットや自動給餌装置，清掃ロボットなどの ICT の効果が最大限発揮される
ような牛舎構造の設計をした結果として，乳量など個体成績の向上につながっ
たといえる．このことは，搾乳ロボットの導入のみでは個体成績の効果は限定
的であり，牛舎構造を含め，飼養管理全体を考え ICT を導入することが重要で
あることを示している．新出（1995）は，ロボット搾乳は，牛舎設計，搾乳，
給餌，除ふんなどがすべて統合されて初めて完全なものとなると指摘している．

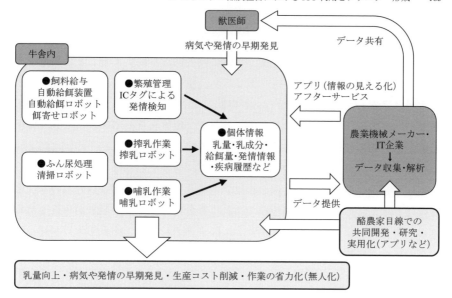

図 9-8　ICT 活用によるイノベーションを創出するクラスターの概念図
　　　　資料：聞き取り調査より筆者作成.

　これらのことから，酪農生産における ICT の導入に関しては，搾乳ロボットな
ど個別の効果には限界があり，それ以上の効果を発揮させるためには，牛舎全
体を考えた ICT 導入およびそれに適した飼養管理の構築，データの活用が必要
不可欠であることを示唆する事例であるといえる.

　また，こうしたクラスター形成に重要な役割を果たしているのが，レリーか
らのサポートである. 先に述べたように，レリーは酪農家が創業した酪農分野
に特化した専門機械メーカーであり，酪農家の目線に立った様々な製品開発や
サービスが提供されている. 今回，A 牧場および B 牧場ともに，農業機械メー
カーとの共同開発・研究が行われていたこともその一例であるといえる. さら
に，レリーはアフターサービスを重視しており，24 時間 365 日，いつでも対応
可能なサポートを提供している. 例えば，機械の故障などが報告された場合，
牛舎に 2 時間以内で到着できる体制を構築している.この点は,佐藤・石井(2020)
が述べているように競合他社であるスウェーデンの DeLaval 社やドイツの GEA
グループ社にはない特徴である. レリーでは，こうしたサポート体制を構築で
きる代理店が存在している国にのみ，製品の輸出を行う戦略を取っているが，

こうした戦略が生産者に受け入れられていることを示す結果であるといえる．

　なお，今後の経営計画に関しては，両経営とも，立地している地域における環境規制などの影響により，今後，大幅に飼養頭数を拡大することは困難であると考えていた．仮に増頭を行うとしても，搾乳ロボットなどの新たな ICT の導入が必須であり，投資の面からも規模拡大は困難であるといえる．そのため，規模拡大を図ることによる収益向上ではなく，個体乳量の増加および飼養管理の省力化・効率化を図っていく意向を示していた．

　以上，ICT の導入は乳牛の生産性向上以外にも多くの効果をもたらしていることが明らかとなった．例えば，A 牧場のように朝夕の見回り以外，特別な管理を行わなくても乳牛 100 頭規模であれば自動化による酪農経営が可能であることが明らかとなった．また，生産者と IT 企業との間で，飼養管理におけるデータの見える化に資するアプリの共同開発・研究などが行われており，新たな事業展開に発展する可能性もみられた．さらに，ICT より収集したデータを獣医師と共有することで，病気や発情などの早期発見・生産コストの低減に資する新たな飼養管理システムが構築されていた．これらの結果は，新たなクラスター形成によるイノベーション創出の可能性を示唆するものであるといえる．

5.　おわりに

　本章では，オランダの先進的酪農経営における ICT 利用によるクラスター形成の実態について検討してきた．酪農経営と農業機械メーカーや IT 企業との間で，飼養管理データの解析，省力化・軽労化ならびに発情や病気などの個体管理に資する研究開発・実用化型のクラスター形成により，新たなイノベーション創出の可能性が示唆された[9]．

　以下では，今後の ICT 活用による研究開発・実用化型のクラスターの展開について述べることで本章のまとめとしたい．ICT の研究開発・実用化に関しては，大手企業を含め様々な企業が参入しているが，農業機械メーカーや IT 企業のみの視点では成立し得ないであろう．南石ら（2016）で述べられているように営農現場ニーズを起点としたマーケットイン型の研究開発モデルが必要となってこよう．農業経営においては，それぞれの経営において，ICT に求めるニーズは異なることが想定されるため，経営者が主導となり，現場で本当に必要

とするものを企業側に提示し，ICT の開発に取り組んでいくことが重要であると考える．南石（2019）は，農業における技術開発においては，「農家目線」で研究開発された技術でなければ，「農家」への普及は期待できないことを指摘している．なお，企業と共同で技術開発を行う際には，飼養管理におけるデータの利用方法や管理に関して，細心の注意を払う必要がある．

　その一方で，畜産は食料を生産する産業であり，技術の導入には消費者の視点が欠落してはならない．ICT により優れた技術進歩が図られたとしても消費者に信頼されない技術は定着し難いであろう．わが国でも 2000 年の口蹄疫，2001 年の BSE（牛海綿状脳症）の発症など食の安全が問われる事件が発生した．こうした事件の際には，消費者の信頼を回復させるために，牛の個体管理や生産管理の重要性が謳われ，ICT を活用した様々な施策が講じられてきた．今後も，家畜の飼養管理においては，個体の生物的進化・深化や，時代の変遷とともに，様々な事態が生じる可能性が考えられる．そうした際，ICT によるデータ管理は，生産者にとっては適切な飼養管理におけるリスク回避，消費者に対しては安全の担保，としての意味において，今後ますます重要性を増していくであろう．

　最後に，本章で明らかにしてきたように，ICT 活用に関しては，生産者のみならず，農業機械メーカーや IT 企業のほか，大学や研究機関など，様々なステークホルダーが参画し，クラスター形成を図る動きは，国内外問わず，加速していくことが予想される．そのなかで重要なことは，レリーの戦略として述べたように，経営が立地している地域に根ざした支援体制を構築していくことである．特に，地域の飼養環境の特徴に即した研究開発や技術開発の実装を可能とする，地域一体型のクラスター形成を図っていくことが重要になると考える．これらの展開が進化・深化することで，川上から川下に至る様々な場面で研究開発や商品開発などが進化・発展を遂げていくであろう．現場目線での ICT 技術の開発研究・実用化による新たなクラスター形成・イノベーション創出が期待される．

注

1) 農業経営における ICT 活用の評価に関する研究として，全国農業法人経営アンケート調査の結果に基づいた研究が蓄積されてきている（例えば，南石

2014，南石ら 2016，南石 2017）．これらの研究では，主に，稲作農業法人のおける ICT 活用について分析しており，他の作目に比べ，稲作で ICT 活用が低い実態を明らかにしている．

　また，畜産における研究として，太田ら（2018）では，酪農・肉用牛・養豚・養鶏の各畜種別での ICT 活用の実態について分析しており，他の畜種と比べ，相対的に酪農において ICT 活用率が高いことを明らかにしている．その他，畜産における ICT 活用に関しては，全日本畜産経営者協会（2020）を参照のこと．

2）詳しくは，長命・南石（2020）を参照のこと．

3）日本では，北海道のコーンズ・エージーがレリーの代理店となっている．

4）アストロノートでは，搾乳の量やスピード，伝導率，乳色，ティートカップ装着からミルクフローを感知するまでの時間，ミルクフロー感知から離脱までの時間などをすべて分房別に記録し，さらに，乳色からの脂肪・タンパクの推定，乳温，活動量（発情検知），反芻時間，ロボット内濃厚飼料給与量，体重，訪問回数，搾乳回数などが測定できる（渡邉 2015）．

5）TMR（完全混合飼料）から濃厚飼料を抜き取り，栄養価を低くした粗飼料主体の飼料である．搾乳ロボット内では，濃厚飼料を給餌することで乳牛が搾乳ロボットへ向かう誘因となる．搾乳ロボット内では，個体の乳量に応じた濃厚飼料給与量の設定ができるため，個体ごとの適切な飼料設計管理が可能となる．

6）飼料摂取による栄養量が満たされている場合は，搾乳ロボット内での濃厚飼料の給与は行われない．

7）三男は大学生であるため，日常の飼養管理に関しては，基本的に長男と次男の2人で管理していた．

8）オランダの事例とは異なるが，参考として，わが国における乳牛の初回授精受胎率（平成29年）は，40.4％となっている（農林水産省 2020c）．

9）わが国における酪農経営と IT 企業とのクラスター形成に関しては，長命・南石（2019）や長命（2020）を参照のこと．

引用文献

太田明里・南石晃明・長命洋佑 (2018)「畜産経営における ICT 活用率とその費用対効果：畜種別比較分析」『九州大学大学院農学研究院学芸雑誌』73（1）：1-8.

家畜改良事業団(2017)「搾乳ロボットの基礎」, http://liaj.lin.gr.jp/japanese/kentei/robotto.pdf（2020 年 12 月 17 日参照）.

佐藤禎稔 (2019)「酪農で活躍するロボットについて」農業情報学会編『新スマート農業―進化する農業情報利用―』農林統計出版：160-161.

佐藤光泰・石井佑基 [著] 野村アグリプランニング&アドバイザリー株式会社 [編] (2020)『2030 年のフード&アグリテック―農と食の未来を変える世界の先進ビジネス 70―』, 同文館出版.

新出陽三 (1995)「搾乳ロボット現状と将来」『北海道家畜管理研究会報』31：115-124.

千田雅之 (2015)「搾乳ロボットと乳牛の個体管理」『農業と経済』81（3）：60-64.

全日本畜産経営者協会 (2020)『畜産経営者のためのスマート畜産マニュアル』, https://www.alpa.or.jp/wp/wp-conte nt/uploads/2020/06/smart_manual.pdf（2020 年 12 月 10 日参照）.

高橋圭二 (2018)「畜産経営を支える先進技術の役割」『畜産コンサルタント』54（3）：12-15.

長命洋佑・南石晃明 (2019)「畜産経営における ICT 活用の取り組みとクラスター形成」『農業と経済』85（3）：135-145.

長命洋佑 (2020)「先進的大規模酪農経営における ICT 活用による経営革新：本川牧場を事例に」『畜産の情報』374：58-68.

長命洋佑・南石晃明 (2020)「イノベーションを創出する産業クラスター形成に関する一考察」『九州大学大学院農学研究院学芸雑誌』75（2）：63-71.

南石晃明 (2014)「農業法人経営における ICT 活用と技能習得支援―全国アンケート調査分析および研究開発事例―」南石晃明・飯國芳明・土田志郎 編著『農業革新と人材育成システム―国際比較と次世代日本農業への含意―』農林統計出版：349-364.

南石晃明・長命洋佑・松江勇次 編著 (2016)『TPP 時代の稲作経営革新とスマート農業―営農技術パッケージと ICT 活用―』養賢堂.

南石晃明 (2017)「農業経営革新の現状と次世代農業の展望：稲作経営を対象として」『農業経済研究』89（2）：73-90.

南石晃明 編著 (2019)「稲作スマート農業の実践と次世代経営展望」養賢堂.

農林水産省(2014)「「スマート農業の実現に向けた研究会」検討結果の中間とりまとめ」, http://www.maff.go.jp/j/kanbo/kihyo03/gityo/g_smart_nougyo/pdf/cmatome.pdf（2020 年 12 月 10 日参照）.

農林水産省(2020a)「畜産・酪農をめぐる情勢」, https://www.maff.go.jp/j/chikusan/kikaku/lin/l_hosin/attach/pdf/index-582.pdf（2020 年 12 月 17 日参照）.

農林水産省(2020b)「農業経営統計調査　令和元年生乳生産費」, https://www.maff.go.jp/j/tokei/kouhyou/noukei/sei sanhi_tikusan/#r（2020 年 12 月 17 日参照）.

農林水産省(2020c)「家畜改良増殖をめぐる情勢」, https://www.maff.go.jp/j/chikusan/sinko/lin/l_katiku/attach/pdf/index-29.pdf（2020 年 12 月 17 日参照）.

渡邉優太 (2015)「レリーアストロノートについて　特徴と利点」『ファーマーズアイ・モリちゃん』2015 年夏号：15-19.

終章　本書の要約と今後の展望

　近年，グローバル化の進展や ICT などの情報通信技術の発達により，畜産においても新たなイノベーションの萌芽がみられるようになってきた．今後，ますます多様な展開が図られ，新たなクラスターの形成によるイノベーション創出の可能性が考えられる．本書の目的は，国内外における畜産を中心に，多様なステークホルダーとのクラスター形成の実態および形成過程を明らかにしたうえで，クラスター形成によるイノベーション創出の可能性について検討することであった．具体的には，以下の 3 点の課題を設定し，目的への接近を試みた．

　第 1 の課題は，行政が主体となっているクラスターや六次産業化，農商工連携などでは，農業生産者のみならず，食品企業などの異業種との関係が構築され，これまでにない付加価値が創出されていることが考えられるため，新たなクラスター形成による付加価値形成のプロセスを明らかにすることである．

　第 2 の課題は，家畜生産において，家畜が給与する飼料，乳製品製造に不可欠な生乳生産，家畜の飼養頭数拡大における施設拡大，また拡大に伴う家畜由来のふん尿処理対策など，飼養管理を取り巻く様々な生産要素が重要となっているが，そうした生産要素の衰退は地域の生産基盤の弱体化を招くことが懸念されているため，地域の生産基盤形成に資するクラスター形成の実態および生産基盤強化の要因について明らかにすることである．

　第 3 の課題は，ICT の利活用に伴い，生産現場ではデータ収集・分析による生産性・収益性の向上，省力化・軽労化などが図られるとともに，ICT を活用した新たな事業への展開が考えられるため，クラスター形成による新規事業への展開の可能性について検討することである．

　本書における各章の要約は以下のとおりである．

　第 1 章では，産業クラスター形成による新たなイノベーション創出について検討を行った．具体的には，これまでの産業クラスターの先行研究を基に，クラスターの概念整理を行った．次いで，産業クラスター形成がもたらすイノベーション創出について検討するとともに，新たな産業クラスター形成の可能性について検討した．クラスターの概念整理では，社会・経済を取り巻く環境の変化に伴い，

産業クラスターを形成しているステークホルダーやクラスターの範囲などが多様化しているため，一義的に定義すべきではないことを示した．クラスターの範囲としては，川上（原材料）から川下（最終製品）に至るまでの生産，流通，販売，サービスまでを含む広義の範囲を提示した．そこで構築されるステークホルダーとの関係性については，通常の取引を超えた特別の協力関係が構築されていることを指摘した．また，クラスター形成におけるイノベーション創出の検討では，イノベーション創出に資する知識集積において，コミュニケーションの蓄積が重要であることを示した．さらに近年では，ICT や IoT などの新技術導入により，新たな産業クラスター形成の可能性について指摘した．

　第2章では，これまでのクラスターの範疇を超える広義でのクラスター形成が展開されている実態に基づき，クラスターを構成するステークホルダーやプラットフォーム形成の視点からクラスターの展開の類型化を行うことを試みた．具体的には，まず，食料産業クラスターの概念について整理を行った．次いで，クラスター形成に資するステークホルダーの結びつき（ネットワーク）に関して，具体的事例を念頭に置きつつ試論的に類型化を試みた．

　食料産業クラスターの概念を整理では，地域産業複合体，六次産業化および農商工連携に関する先行研究に着目し，伝統的な農業生産・加工事業の枠組みを超えた多様なクラスター形成の展開が図られてきていることを提示した．次いで，食料産業クラスター形成について，先行研究の整理に基づき，具体的な事例を念頭に置きつつ試論的に8つの類型化を行った．それらは，①行政支援型のクラスター，②食品産業主導型のクラスター，③農商工連携型，④六次産業型，⑤畜産基盤強化型クラスター，⑥垂直統合型，⑦農村開発型のクラスター，⑧研究開発・実用化型，である．

　こうした多様なクラスター形成においては，様々な支援策が打ち出されており，それに呼応するかのように，様々なクラスターが形成されている．クラスター形成では，従来の国や自治体のみならず，地域のリーダー的主体が形成した組織や，生産現場において必要とされる技術・研究開発，さらには社会実装に向けた製品開発など，ステークホルダーとの関係が多様化していることを示した．特に近年では，グローバル化の進展や ICT などの情報通信技術の発達により，新たなイノベーション創出に資する展開が図られており，これまでのクラスターの範疇を超える広義でのクラスターが形成されていることを指摘した．

　第3章では，行政・食品産業が主体となってクラスター形成を図ることで，地域の新たなビジネスモデルを構築する可能性について検討を行った．本章では，先進的な事例としてのフードバレーとかちおよび後発的な事例としての糸島市食品産業クラスターを取り上げ，食料産業クラスターの展開について検討を行った．

　フードバレーとかちの事例に関しては，帯広市産業連携室が協議会の事務局となり，組織を運営しているが，様々な人材育成・新商品開発のために，イベントを開催するなどの支援を行っている実態を明らかにした．また，糸島市食品産業クラスターの事例では，糸島市産業振興部が事務局を担っているが，食品企業や農業者が連携し主導・牽引することで糸島の農産品や食品を広くアピールしていきたいと考えている意向を明らかにした．これらの事例より，組織運営の方向としては，より現場に近い人々が関わり合いを持って，ボトムアップ型のクラスターを組織して，取り組むことの重要性について指摘した．また，食料産業クラスターが持続的に展開していくには，参加する農業者や食品企業（プレーヤー）と支援する協議会や協賛企業など（フォロワー）の連携関係の把握（ポジショニング）が重要であるとともに，将来展望も含め，新たな地域ビジネスモデル構築の可能性，特にコーディネーターの役割とプラットフォーム形成の重要性を示した．

　第4章では，農商工連携および六次産業化事業に取り組んでいる畜産経営を事例として取り上げ，畜産経営の経営革新と新たなクラスター形成の実態について検討を行った．

　農商工連携の事例としては，京都府北部の京丹後市網野町に位置している日本海牧場を取り上げ，その取り組みについて検討を行った．当該牧場では，自身の放牧地を活かすため，短角種を飼養・放牧し，「たんくろ」を生産してきたが，その価値は評価されにくいものであった．そうした中，焼肉店の「きたやま南山（京都市左京区）」との連携が重要な転機となった．両者が連携を図り，「京たんくろ和牛」を育成することで，京都の和牛ブランドを形成し，農商工連携の認定を受ける事業へと展開していったクラスター形成の実態を明らかにした．

　また，六次産業化の事例としては，徳島県の名西郡石井町に位置する石井養豚センターを取り上げ，その取り組みについて検討を行った．当該センターは，泉北生協（エスコープ生協）との協議，連携を進めるなかで，展開を図ってきた．生産者自らが加工会社に出資し，オリジナル豚だけの解体処理・精肉加工場であ

る加工会社ウインナークラブを設立し，その後，販売分野を強化するためにリーベフラウを設立するなど，事業多角化を行うなかで，クラスター形成による六次産業化事業を展開してきた．こうしたクラスター形成を図ることで，現在では120を超えるアイテムが製造・販売されるまでになった．特に，生協との連携において，アレルギーを持つ消費者に対応可能な様々な商品の開発を行っていることが特徴であることを明らかにした．

　第5章では，わが国における畜産の生産基盤が脆弱化しているなかで，「畜産クラスター」への展開が図られている現状を踏まえ，熊本県菊池市における JA菊池における畜産クラスターおよびそれに基づく CBS（キャトル・ブリーディング・ステーション）の取り組みの実態を明らかにした．熊本県一の畜産地帯である菊池市では，CBS 設立により，酪農生産においては，生乳生産意欲の向上により，当初の目標を達成し，生乳出荷目標の上方修正が行われ，予想を上回るペースで事業が進行していた．また，畜産クラスター事業の利用により規模拡大が進んだことなどにより，預託農家からの乳用育成牛は，事業計画では最大 240 頭が目標頭数であるが，その約 9 割が飼養されており，順調に事業展開が行われていた．他方，肉用牛生産においては，CBS の建設により，肥育もと牛供給のための生産基盤が整備されつつあり，数年後には黒毛和種肥育もと牛の出荷目標 500 頭を達成する見込みとなっており，畜産地帯における生産基盤の創出および強化が図られている実態を明らかにした．

　第6章では，中国最大の酪農生産地域である内モンゴルに焦点を当て，内モンゴルにおける酪農生産の特徴および乳業メーカーとの取引形態を明らかにしたうえで，大手乳業メーカーである内蒙古蒙牛乳業（集団）股份公司（蒙牛）における大規模酪農生産の実態を明らかにした．また，その際，メラミン事件を契機とした乳業メーカーの新たなクラスター形成の展開について検討を行った．蒙牛では，搾乳作業などの飼養管理や繁殖管理などに関する新しい技術が海外から導入されていること，また，直営牧場では海外からロータリーパーラーや搾乳ロボットなど最新の ICT が導入されている実態を明らかにした．特に，メラミン事件以降，管理体制が厳格となり，ICT による個体管理が行われ，牧場内には，日ごとの乳量や体細胞数などの情報が表示され，品質管理の徹底が図られていた．また，蒙牛は飼料基地を有しており，牛に給与する飼料生産が行われていたほか，濃厚飼料や精液，搾乳作業など飼養管理に係る技術などは，海外からの輸入を行

っていることを明らかにした．蒙牛では，ICT活用による品質管理の徹底，育種・飼養管理システムの構築，近隣農家との連携による飼料生産などによるクラスター形成が図られていることを明らかにした．

　第7章では，内モンゴルにおける酪農・乳業の流通構造について整理を行ったのち，乳業メーカーによる支援を享受している小規模酪農経営（PEL型）および支援を享受していない小規模酪農経営（非PEL型）を事例として取り上げ，小規模酪農経営における乳業メーカーとのクラスター形成について検討を行った．PEL型は，乳業メーカーと契約を行い，様々な支援を享受することで，飼養頭数規模の拡大が図られていることを明らかにした．その一方で，非PEL型では，ステークホルダーからの支援がほとんどなかったため，経営を取り巻く環境は厳しい状況であることを指摘した．PEL型では乳業メーカーより，乳牛の個体管理に資する飼養管理技術の支援，生乳の販路確保支援のほか，乳牛に給与する飼料の確保などの支援が享受されていた．さらに，飼料購入，飼養管理に係る費用に関しては，立替支払いによる会計処理が可能となっていた．PEL型ではこれらの生産支援を享受していたことにより，飼養頭数の拡大が図られていた．

　第8章では，食品製造業における酪農生産を事例として取り上げ，CSV（Creating Shared Value：共通価値の創造）の取り組みを明らかにするとともに，酪農生産による経済発展および社会的課題を両立する取り組み実態を明らかにし，クラスター形成およびイノベーション創出について検討を行った．まず，CSR（Corporate Social Responsibility：企業の社会的責任）とCSVの概念整理を行い，その相違について検討を行った．次いで，食品製造企業ダノンへの聞き取り調査の結果を用いて，ダノンにおけるCSVの取り組みを明らかにした．ダノンの取り組みでは，農家の生産コストを算出し，コスト低減を目指すモデル（コストパフォーマンスモデル：CPM）を提示しており，アメリカやEU諸国で経営改善の成果が見られ，クラスター形成が図られていた．また，その実績に基づき，北アフリカにおける酪農生産においてCSVの活動に取り組んでいた．酪農生産における活動当初は，支援の側面が強く，CSR的な性格が強い傾向であった．その後，現地で循環できる酪農生産を基軸とすることで，CSVとしての側面が強くなるとともに，新たなイノベーションの可能性についても指摘した．

　第9章では，酪農生産者のみならず農業機械メーカーやIT企業などが情報・知識・技術を集積することで，酪農の現場における技術・研究開発および実用化

に向けたイノベーションを創出するクラスター形成について検討を行った．具体的には，オランダにおける 2 つ酪農経営を対象に，ICT の導入および農業機械メーカーや IT 企業と研究開発を行っている先進的酪農経営におけるクラスター形成の実態について明らかにした．調査事例では，最新の ICT を導入することにより，共同で研究開発を行っている農業機械メーカーや IT 企業に生産現場からの様々なデータが蓄積され，データ解析が行われていた．それらの解析結果に関しては，例えば，発情や分娩の検知や疾病記録など，生産の効率化や改善に資するデータが時系列でグラフ化されて，アプリとして提供されていた．事例経営では，こうしたアプリの共同開発を行っており，酪農現場のニーズに対応した，いわゆるマーケットイン型でのクラスター形成が図られていた．これら ICT 導入により，酪農経営とステークホルダーとの間での飼養管理に資する研究開発・実用化のクラスター形成により新たなイノベーションの可能性を示唆するものであった．

　以上，本書では，第 2 章で試論的に提示した 8 つのクラスター類型に基づき，①新たなクラスター形成による付加価値形成のプロセス，②地域の生産基盤形成に資するクラスター形成の実態および生産基盤強化の要因の解明，③クラスター形成による新規事業への展開・イノベーション創出の可能性，について検討してきた．クラスターを形成しているステークホルダーは広域にわたり，クラスター形成の目的も多様化していることを示した．行政主体の従来型のクラスター形成以外にも，付加価値創出や新事業への展開などを図るクラスター，さらには貧困対策や研究開発に至るまで，さまざまなクラスター形成が図られていることを示した．特に，乳牛の飼養管理の現場においては，ICT 導入が大きな影響を及ぼしていることを明らかにした．例えば，第 9 章で述べたように，ICT 利用により，乳牛 100 頭規模であれば，他の仕事に従事しながらも酪農経営を行える可能性があることを示した．今後は，収集したデータのさらなる活用やゲノム情報の活用などの情報利用により，飼養管理の環境は大きく進展していくものと思われ，新たなクラスターが形成されていくであろう．

　以下では，クラスター形成によるイノベーション創出に向けた今後の展望および課題について述べることで本書のむすびとしたい．

　20 世紀の畜産は，生産効率や経営効率をいかに高めるかを目標としてきた．例えば，黒毛和種の肥育においては，霜降りを中心とした肉質および枝肉重量の改良が，乳牛においては，乳量の増加などの改良が行われてきた．また，同時にそ

れらを達成するための高品質の飼料生産や効率的な飼料給与計画が図られ，生産効率や経営効率の改善に寄与してきた．他方，人々の生活水準の向上により，よりおいしい肉類などの畜産物を求めるようになった．今後，成長著しいアジア諸国においても，畜産物需要が高まることが予想される．

　2050年には世界の人口は約100億人に達すると予想されており，人々が生活していくための食料生産に係る問題は避けては通れないものといえる．作物生産が可能な農用地においては，家畜の飼料生産を可能な限り削減し，飼料としては，農産物や食品製造物の副産物を活用することなど，創意工夫が必要となろう．

　今後は，持続可能な畜産の重要性がますます高まっていくであろう．例えば，欧米諸国では，家畜由来の環境問題低減やアニマルウェルフェアを配慮する畜産，食料と飼料の農地をめぐる競合などが社会問題となっており，欧州先進国では，食料として畜産物の摂取が否定的に議論されることも少なくなく，畜産の存在そのものが危ぶまれていることを広岡（2020）は指摘している．環境負荷低減に関しては，家畜排せつ物による悪臭や水質汚染といった環境問題の発生のみならず，家畜由来のメタン産生の低減は図ること，現在の飼養環境で家畜に配慮した飼い方（アニマルウェルフェア）での飼養管理を図ること，などを重要視する声が高まっている．

　さらに，海外では若い消費者を中心として，ビーガン（完全菜食主義者）やフレキシタリアン（準菜食主義者），ベジタリアン（菜食主義者）など，家畜に対する倫理観の変化によって肉食を控えて植物由来タンパク質の摂取へと移行する動きが進行している．

　これらの動向より，持続可能な畜産においては，食肉の原産地，流通経路のみならず，給与飼料の表示，アニマルウェルフェア基準の準拠表示など，消費者からの理解を得ることが不可欠となる日も遠くないといえる．

　畜産物が今後も人々に必要とされていくためには，従来のように単純に食料増産を目指すのではなく，環境負荷を低減しながら農産物の高品質化・高付加価値化を実現していくことが重要であると考える．すなわち，家畜，生産者，消費者のすべてがwin-winになるような関係が重要となる．そのためには，本書で述べたような様々なステークホルダーとクラスターを形成し，イノベーションの創出を図っていくことが有効であると考える．家畜飼養・畜産物生産におけるイノベーションの創出は時間を要するが着実に進展しつつあることは本書の事例で示

した通りである．その一方で，人々の意識・価値観の変革は生活スタイルや文化的背景など，様々な要素が複雑に絡み合っているため，時間を要することが想定される．われわれの生活を一新するパラダイムシフト的な取り組みが必要となろう．本書がそうした畜産研究の深化の一助になれば幸いである．

引用文献

広岡博之（2020）持続可能な畜産業を支えるために畜産学に求められるもの，日本畜産学会報　91（3）：296-299.

あとがき

　2019 年に発生した新型コロナウイルス感染症（COVID-19）の影響により，思わぬ形で「クラスター」という名称が世間に浸透したが，クラスターは本来，「群れ」「（ぶどうの）房」など，「つながり」「結びつき」を意味するものである．本書は，生産現場での取り組みに軸足を置きつつ，クラスター形成における新たなイノベーション創出の可能性について明らかにしようとしたものである．具体的には，人々が個々に活動する中で，自分自身で何らかの目的を持ち，そうした中，共通の目的を持った人々と出会い，何らかのつながり（共同）を持つことで，クラスターが形成される実態を明らかにすることを試みた．さらに，クラスターを形成することにより，個々で活動する総和以上の効果を生み出すことが考えられ，クラスター形成による新たな効果，すなわちイノベーション創出の可能性について明らかにすることを試みた．

　さて，本書における研究は，2012 年に着任した「京都大学大学院農学研究科生物資源経済学専攻　農林中央金庫寄付講座」での研究が起点となっている．当時，小田滋晃教授（現　京都大学名誉教授・公益財団法人ルイ・パストゥール医学研究センター研究員）・川﨑訓昭助教（現　秋田県立大学助教）・院生・学部生とともに，全国各地の現場にお邪魔となりながら調査をさせていただいた経験や簿研（京都大学農学部旧農業簿記研究施設）のセミナー室で土日問わず議論した経験が，本研究の基礎となっている．本書における試論的な類型化の原図はこの時の議論によるところが大きい．小田滋晃先生・川﨑訓昭先生のほか，当時の院生諸君には，本当に感謝申し上げます．

　その後，2014 年より，九州大学大学院農学研究院経営学研究室に移り，南石晃明教授と研究室を切り盛りすることとなった．南石先生からは，様々な共同研究に参加させていただき，新たな農業経営・地域農業の視点を勉強させていただいた．本書のきっかけは，南石先生との雑談の中で，「クラスターとは何なの？」「どこまでがクラスターなの？」と，問いかけられたことが発端となっている．本書における初出の多くは，南石先生との共同研究の成果であるが，筆者の責任で修正し，収録することに南石先生より快諾をいただいた．この場をお借りし，改めて御礼申し上げます．

　2021 年からは，広島大学大学院統合生命科学研究科食料資源経済学研究室に移動した．研究室の細野賢治教授をはじめ，研究室の学生や研究科の教員の温かい雰囲気に囲まれ，充実した日を過ごすことができた．ところが，発表機会をいただいた研究会にて，改めて「クラスターとは？」の問題が投げかけられた．再度，答えを探すべく，試行錯誤することとなった．そうした時，細野先生より「クラスター研究は，ライフワークですね」というお言葉をいただいた．細野先生の御言葉に本当に感謝申し上げます．

　また，本章の事例調査では，本当に多くの方々にご協力いただいた．改めて感謝を申し上げます．

　これまでの人生を振り返ると，お世話になった方々は，同じような想いを持った人とのつながりが，新たなつながりを生み，それが波及・拡散していき，さらに新たな人を取り込んでいく，そしてさらに大きな成果を生みがしていく，そのようなことを目の当たりにしてきた．よくよく考えると，クラスターを形成し，イノベーションを生み出していたのだと思える．

　今後も「問題点の解決策や新たなことは，現場にある」という現場に軸足を置いた研究に取り組むことにより，人と人との出会い，つながりの中で，新たに生み出される関係性・効果について，研究を深化されていきたい．

　なお，本書は，広島大学・食料経済学研究室の学生諸君（大学院生：王晶さん・工藤加奈さん・岸野遼楠さん・小迫高さん・申恵珍さん・高宮千恵美さん・橋本貴一朗君・福代悟史君，学部生：石司万葉さん・上野凌君・宇野真樹さん・大川玲奈さん・嶋田明日香さん・田村萌さん・三藤朱莉さん・山本愛永さん：50 音順）とのゼミや日常の他愛のない会話で大きなヒントを得ることができた．

　さらに，本書の刊行に関しては，今回も京都大学大学院以来の付き合いとなっている養賢堂の小島英紀氏には，筆者の無理難題を忍耐強く聞き入れていただき，いつもご迷惑ばかりをかけてきた．その並々ならぬご尽力に対し，厚くお礼を申し上げたい．

　本書は，本当に様々な人々に支えていただき出版することができた．この点に関しましては．前書と同様に，本当に「運が良い」と自負している．

　最後になったが，ここまで育ててくれた両親に感謝の気持ちを記す．

2022 年 2 月

長命洋佑

『各章の初出論文一覧』

　本書の初出は以下の通りであるが，各章において大幅に加筆・修正を行っている．

第1章　イノベーションを創出する産業クラスター
- 長命洋佑・南石晃明（2020）「イノベーションを創出する産業クラスター形成に関する一考察」『九州大学大学院農学研究院学芸雑誌』75（2）：63-71.

第2章　食料産業クラスターの展開と類型化
- 長命洋佑・南石晃明（2020）「食料産業クラスターの類型化と新たな展開：研究開発・実用化型クラスターに着目して」『九州大学大学院農学研究院学芸雑誌』75（2）：47-61.

第3章　行政・食品産業主導による地域ビジネスモデル
- 長命洋佑・南石晃明（2019）「食料産業クラスターの可能性－新たな地域ビジネスモデル構築に向けて－」小田滋晃・坂本清彦・川﨑訓昭・横田茂永［編著］『「農企業」のムーブメント－地域農業のみらいを拓く－』昭和堂：27-45.

第4章　農商工連携・六次産業化における新たな事業展開
- 長命洋佑（2016）「畜産経営における経営革新と新たな事業展開－農商工連携・6次産業化に取り組む経営を事例として－」松岡憲司［編著］『人口減少化における地域経済の再生－京都・滋賀・徳島に見る取り組み－』新評論：89-110.

第5章　畜産生産地域における生産基盤創出と競争力強化
- 長命洋佑（2019）「畜産クラスター形成による生産拠点創出と競争力強化」『畜産の情報』352：27-41.

第6章　乳業メーカーにおける大規模酪農生産への展開

- 長命洋佑・南石晃明（2020）「酪農生産の動向とクラスター展開－中国内モンゴル－」小田滋晃・横田茂永・川﨑訓昭［編著］『地域を支える「農企業」農業経営がつなぐ未来』昭和堂：143-159.

第7章　小規模酪農家における乳業メーカーの酪農生産支援
- 長命洋佑（2012）「中国内モンゴル自治区における乳業メーカーと酪農家の現状と課題」『地域学研究』42（4）：1031-1044.

第8章　大手乳業メーカーにおける共通価値の創造による酪農生産・貧困対策
- 長命洋佑・南石晃明（2020）「共通価値の創造によるクラスター形成とイノベーション：食品製造企業における酪農生産の取り組みを事例として」『九州大学大学院農学研究院学芸雑誌』75（2）：37-46.

第9章　ICT を活用した酪農生産におけるイノベーション創出
- 長命洋佑・南石晃明（2021）「ICT を活用した酪農におけるイノベーションを創出するクラスター形成：オランダの酪農経営を事例として」『農業および園芸』96（6）：495-507.

『本書が基づく研究助成』

　本書は以下の研究助成を受けたことにより，研究成果の出版が可能となった．改めて感謝の意を記す．

1）文部科学省「特別研究員奨励費」『内モンゴル自治区における経済性の向上と環境負荷低減による持続的農業に関する研究』（2009-2011 年度）

2）文部科学省「科学研究費助成事業（学術研究助成基金助成金）若手研究（B）」『私企業リンケージ型酪農生産システムの多角化戦略と可能性』（2014-2018 年度）

3）文部科学省「科学研究費助成事業（学術研究助成基金助成金）基盤研究（C）」『国際競争下における食料産業クラスター形成による地域デザイン創造の展開と可能性』（2019-2022 年度）

索引

著者紹介

長命　洋佑（ちょうめい　ようすけ）

1977 年，大阪府生まれ．
広島大学大学院統合生命科学研究科　准教授
博士（農学）
専門は，農業経済学・農業経営学．
2009 年より日本学術振興会特別研究員（PD），2012 年京都大学大学院農学研究科特定
准教授，2014 年九州大学大学院農学研究院助教を経て，2021 年より現職．
主要著書；
『酪農経営の変化と食料・環境政策－中国内モンゴル自治区を対象として』（単著，2017
年，養賢堂），『TPP 時代の稲作経営革新とスマート農業－営農技術パッケージと ICT
活用』（共著，2016 年，養賢堂），『いま問われる農業戦略：規制・TPP・海外展開（シ
リーズ・いま日本の「農」を問う）』（共著，2015 年，ミネルヴァ書房）他．

畜産業のクラスター形成と経営イノベーション

長命洋佑 著

Cluster formation and management innovation in animal farming

Yosuke Chomei

畜産業のクラスター形成と経営イノベーション　　Ⓒ 長命洋佑　　2022

2022 年 3 月 31 日　　　第 1 版第 1 刷発行

著　作　者　　長命洋佑

発　行　者　　及川雅司

発　行　所　　株式会社 養賢堂　　〒113-0033
　　　　　　　　　　　　　　　東京都文京区本郷 5 丁目 30 番 15 号
　　　　　　　　　　　　　　　電話 03-3814-0911／FAX 03-3812-2615
　　　　　　　　　　　　　　　https://www.yokendo.com/

印刷・製本：新日本印刷株式会社

PRINTED IN JAPAN　　　　　　　ISBN 978-4-8425-0585-5　C3061